应急知识大学读本

YINGJI ZHISHI
DAXUE DUBEN

河南省红十字会　编

关爱生命

河南科学技术出版社
·郑州·

图书在版编目（CIP）数据

应急知识大学读本/河南省红十字会编．—郑州：河南科学技术出版社，2013.7（2018.11重印）

ISBN 978-7-5349-6404-6

Ⅰ.①应… Ⅱ.①河… Ⅲ.①突发事件－安全教育－青年读物 Ⅳ.①X4-49

中国版本图书馆CIP数据核字(2013)第117935号

出版发行：河南科学技术出版社
地址：郑州市经五路66号　邮编：450002
网址：www.hnstp.cn
购书电话：（0371）65788629　65737028
策划编辑：马艳茹　范广红
责任编辑：吴　沛
责任校对：张景琴
整体设计：张　伟
责任印制：张艳芳
印　　刷：郑州环发印务有限公司
经　　销：全国新华书店
幅面尺寸：170 mm × 240 mm　　印张：6　　字数：130千字
版　　次：2013年7月第1版　　2018年11月第2次印刷
定　　价：22.00元

编委名单

序

红十字会是世界上历史最悠久的人道主义救助团体，与联合国、国际奥委会并列为三大国际组织。国际红十字运动起源于战地救护，发展至今，战地救护已演变为面对公众的初级的、现场的、群众性的应急救护培训。150 年来，世界各国红十字会始终致力于保护人的生命和健康，不断探索开展应急救护培训工作，积极推广应急救护知识的普及。应急救护工作始终是我国红十字会的传统核心业务，也是《中华人民共和国红十字会法》赋予红十字会的一项重要职责。红十字会在开展应急救护工作方面积累了大量的宝贵经验，取得较好的效果。

近年来，随着社会进步和经济条件的改善，公众的安全意识有了长足的提高，自救互救能力有所提升，减少了一些突发事件和意外伤害事故所造成的损失。但由于应急救护知识、技能的普及程度和范围有限，还没有实现人人都掌握自救互救技能和防灾避险知识的目标，特别是在遇到诸如地震、泥石流、洪涝灾害等重大突发事件时，公众的应急能力还存在一定程度的不足，从而影响了灾害的应急救援效果。因此，对公众进行自救互救技能和防灾避险知识的普及培训非常必要，非常迫切。

《国务院关于促进红十字事业发展的意见》指出，“要充分发挥红十字会在公众参与的应急救护培训中的主体作用。支持红十字会在易发生意外伤害的教育、公共安全等领域以及交通运输、矿山、建筑、电力等行业中开展应急救护培训。积极推动红十字救护培训‘进社区、进农村、进学校、进企业、进机关’，不断提高应急救护知识在人民群众中的普及率”。这不仅是对红十字会的职责要求，更是落实科学发展观的重要体现，是维护人民群众根本利益的重要举措，是社会和谐稳定的重要环节，是实现中国梦的重要保障。

河南省红十字会在省委、省政府和中国红十字会总会的领导下，大力开展应急救护师资培训、应急救护员培训，积极推动红十字救护培训“五进”活动，认真组织红十字应急救护员参与突发事件救援和社会活动保障服务，成效显著。为了进一步做好应急救护知识的推广和普及，省红十字会组织专家编写了应急知识读本丛书。整套丛书图文并茂，通俗易懂，非常适合普通公众阅读和参考。希望该书的出版能帮助社会公众增强防灾避险意识，提高自救互救能力，各级政府、有关单位及社会公众要充分利用好这套丛书，丰富应急常识，不断提高应对和处置突发事件的能力和水平，为实现中华民族伟大复兴的“中国梦”和中原崛起、河南振兴、富民强省的“中原梦”做出新的更大的贡献。

（河南省人民政府副省长）

2013 年 7 月 5 日

前　言

地震、泥石流、洪水，这些自然灾害无时无刻不带来死亡的威胁；心绞痛、高血压急症、哮喘发作，这些生活中的意外和突发事件随时会危及生命。面对突然而至的意外，甚至是死亡的威胁，如何处理，如何避险，如何自救与互救，如何能最大程度地减少损失，挽救生命，是广大人民群众在面临危险和威胁时的深切期望。

据有关资料显示，每年我国发生各类伤害约 2 亿人次，因伤害死亡超过 70 万人。最常见的伤害主要有交通事故、自杀、溺水、中毒、跌落等，导致的死亡案例占全部伤害死亡的 70% 左右。由于缺乏急救常识，在一些突发事故现场，伤病员不懂自救知识，围观的群众也常常不知所措，只能无奈地等待救护车的到来，使伤病员失去了最佳的抢救时机；也有因不懂急救常识而在慌乱之中采取了错误的施救方法，导致伤病员雪上加霜，造成不应有的损失和遗憾。现场应急救护是公众利用所学的急救知识，就地取材，抓住“救命的黄金时间”对伤病员进行的初步救治，能有效降低伤残率和死亡率，最大限度保护人民的生命和健康。

近年来，河南省各级红十字会在省委、省政府的正确领导和中国红十字会总会的精心指导下，大力开展应急救护师资培训、应急救护员培训，组织红十字应急救护员参与突发事件救援和社会保障服务活动，取得了较好的效果，积累了丰富的经验。为了进一步落实《国务院关于促进红十字事业发展的意见》要求，推动应急救护工作的进一步开展，省红十字会组织有关专家编写了应急知识读本丛书。本套丛书重点突出应急救护基本知识，用通俗的语言文字、活泼清晰的图示来讲解和阐释这些急救常识和基本技能。对于意外伤害、突发事件、常见急症、生产安全、心理健康等部分，也力图用简单轻松的语言、丰富有趣的插图来进行知识的讲解，力求让读者看得懂、学得会、用得上。

应急知识读本丛书分为社区版本、农村版本、学校版本、企业版本、机关版本，读者对象明确，知识深浅适中。这套丛书完全可以作为开展应急救护知识普及的主要教材和有效载体，让广大群众都能从这套丛书中学到应急救护知识和防灾避险技能，提升自救互救能力。

由于我们水平有限，编写时间仓促，书中难免有不少缺憾甚至错误，希望读者不吝赐教，以便于我们及时修订更正，以臻完善。

河南省红十字会

2013 年 5 月 8 日

目　录

第一部分　应急救护基本知识 …… 1

1. 生命链 …… 2
2. 现场评估和自我保护 …… 3
3. 如何拨打急救电话 …… 4
4. 心肺复苏 …… 5
5. 自动体外除颤器的使用 …… 8
6. 气道阻塞急救法 …… 10
7. 止血方法 …… 12
8. 伤口包扎 …… 16
9. 骨折固定 …… 20
10. 伤病员搬运 …… 22
11. 几种特殊创伤的现场处理 …… 24

第二部分　意外伤害 …… 25

1. 发生道路交通事故怎么办 …… 26
2. 烧烫伤的处理 …… 27
3. 强酸强碱伤害后的处理 …… 28
4. 触电后怎么办 …… 29
5. 溺水怎么办 …… 30
6. 怎样防盗 …… 31
7. 怎样防骗 …… 32
8. 怎样防抢 …… 33
9. 怎样防范性侵害 …… 34
10. 核泄漏及核辐射 …… 35

第三部分　校园安全 …… 36

1. 军训中要注意安全 …… 37
2. 实验室安全事故预防及应急 …… 38
3. 运动损伤怎么办 …… 39
4. 集体生活要有安全意识 …… 40
5. 实习期间的生产生活安全 …… 41
6. 如何识别非法就业陷阱 …… 42
7. 远离非法传销组织 …… 43

第四部分　突发事件 …… 44

1. 火灾 …… 45
2. 地震 …… 46
3. 洪涝 …… 47
4. 泥石流 …… 48
5. 大风 …… 49
6. 冰雹 …… 50
7. 暴雨 …… 51

8. 沙尘暴 …… 52
9. 冰雪天气 …… 53
10. 高温 …… 54
11. 雷电 …… 55
12. 踩踏 …… 56
13. 爆炸 …… 57

第五部分　常见急症 …… 58

1. 高热 …… 59
2. 过敏 …… 60
3. 呕吐和腹泻 …… 61
4. 低血糖 …… 62
5. 高血糖 …… 63
6. 咯血 …… 64
7. 昏厥 …… 65
8. 休克 …… 66
9. 哮喘 …… 67
10. 癫痫 …… 68
11. 细菌性食物中毒 …… 69
12. 真菌性食物中毒 …… 70
13. 动物性食物中毒 …… 71
14. 植物性食物中毒 …… 72
15. 化学性食物中毒 …… 73

第六部分　心理健康 …… 74

1. 大学生心理健康的标准 …… 75
2. 大学生的心理问题 …… 76
3. 如何适应大学生活 …… 77
4. 塑造完善的人格 …… 78
5. 培养人际交往能力 …… 79
6. 健康的爱情观 …… 80
7. 快乐地学习 …… 81
8. 学会心理咨询 …… 82
9. 调适自己的情绪和情感 …… 83
10. 理性地就业 …… 84
11. 应对心理压力，珍惜生命 …… 85
12. 遵纪守法，预防犯罪 …… 86

附录　红十字运动知识 …… 87

第一部分 应急救护基本知识

随着人类生活节奏的加快、对外交往的增多、交通运输方式的多样化，以及社会的老龄化趋势、疾病谱的改变等，各种急危重症、意外伤害事故及自然灾害的发生有明显增加的趋势。如能掌握正确的急救方法，在事故发生后的“救命黄金时间”内对伤病员进行及时的、正确的初步急救，可以为伤病员后期在医院的救治创造有利条件，从而最大限度地挽救伤病员的生命并减少伤残。

1 生命链

生命链是指以现场“第一反应者”开始，至专业急救人员到达进行抢救的一系列活动组成的“链”。它是近 20 年来国际上出现的急救专用名词。美国心脏病学会最早在《美国医学杂志》上正式使用“生命链”一词。

提示

生命链有五个互相联系的环节，其内容普及得越广泛，所有的环节进行得越及时、充分，危急伤病员获救的成功率就越高。

- 立即识别心脏骤停并启动急救系统。
- 尽早进行心肺复苏，着重于胸外按压。
- 快速除颤。
- 有效的高级生命支持。
- 综合的心脏骤停后治疗。

小知识

急救医疗服务体系

急救医疗服务体系（EMSS）是为外伤与危重伤病员提供急救医疗服务的社会资源与人员网络系统。它把急救医疗护理措施迅速地送到危重伤病员身边或送到发病现场，经过初步诊治处理，维护其基本生命，然后将伤病员安全转送到医院，为抢救生命和改善预后争取了时间，极大程度地保证了伤病员的生命安全。急救医疗服务体系实行统一调配、统一配置、统一运作，各环节不仅有各自的工作职责和任务，而且相互密切联系，从而达到用最短的时间把最有效的医疗护理服务提供给最需要救护的伤病员，常被称为“绿色通道”，适合于对急危重症伤病员的医疗救助，以及大型灾害或意外事故的救援。

2 现场评估和自我保护

当突发事件来临时，我们应该保持镇静，正确运用所掌握的急救知识进行自救和互救，最大限度地抢救生命，降低伤残。在进行急救前，应进行现场评估，判断伤病员基本情况。

提示

急救时应分轻重缓急，先救命，后治伤。在发生突发公共事件时，一定要先进行伤检分类。

现场评估

1. 保持冷静，并帮助他人稳定情绪。

2. 评估自己的能力：在不具备救援能力的情况下，不要盲目救人。例如，遇到有人落水，如果本身不会游泳或不知道水中救援的方法却盲目跳入水中救援，不仅会耽误营救时间，还可能给自身带来危害。

3. 评估现场是否有潜在危险：如火灾现场是否有爆炸、房屋倒塌的危险；发生交通事故时有无在来车方向设置警示标志（普通公路在来车方向 50 ~ 100 米处放置警示标志，高速公路在来车方向 150 米处放置警示标志），提醒来往车辆予以避让。

4. 评估伤病员病情：包括意识、呼吸、循环体征等方面的评估。

（1）评估意识情况：在高声呼唤、轻轻拍推伤病员无反应时，表明其意识丧失，已处于危重状态。

（2）评估气道情况：评估气道是否畅通、有无阻塞。如伤病员有反应但不能说话与咳嗽，可能存在气道阻塞，必须立即检查和解除。

（3）评估呼吸情况：评估伤病员是否有自主呼吸等。如伤病员呼吸已停止，应立即进行人工呼吸。

（4）评估皮肤的温度、颜色：如伤病员面色苍白或青紫，口唇、指甲发绀，皮肤发冷等，表明循环和氧代谢情况差。

（5）评估肢体骨骼：检查伤病员的头部、颈部、胸部、腹部、盆腔，以及脊柱、四肢，有无开放性损伤、骨折畸形、触痛、肿胀等。

5. 表明身份，在征得伤病员同意后再进行急救。

自我保护

保障安全，避免意外危及自己和参与救护的人员。尽量使用个人防护用品，以阻止病原体进入自身体内，如使用呼吸面罩、手套、眼罩、口罩等。

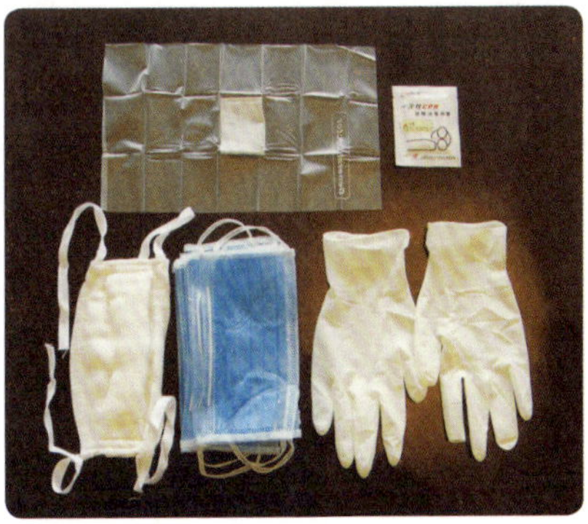

防护用品

3 如何拨打急救电话

我国常用的急救电话为："110"报警电话、"119"火警电话、"120"或"999"医疗急救电话、"122"交通事故电话。拨打报警求救电话应当争分夺秒，语言要清楚、精练、准确。

提示 拨打急救电话时，千万不要先挂断电话，待对方问完情况得到可以挂断电话的提示后，再挂电话。

现场评估

拨打急救电话要说清楚以下几个重要内容：

1. 意外发生的地点：要详细说明意外发生的确切地点，最好说出事发地附近的标志性建筑物或容易看到的标志。

2. 现场可联系电话及报警人姓名：要说清报警人的姓名和现场可联系的电话号码，并保持电话畅通。

3. 发生意外的原因：要详细说明意外是由什么原因引起的，如触电、溺水、中毒、交通事故等。

4. 伤病人数、具体情况：说清伤病人数及具体情况，如伤病员的清醒程度、呼吸状况、脉搏情况、有无大出血等。

5. 说明是否采取了急救措施，采取了什么样的急救措施。

进一步建议 在拨打急救电话 15 ~ 20 分钟后，如救护车仍未到达，可以再次打电话询问。

4 心肺复苏

心肺复苏（CPR）是用于呼吸和心搏突然停止、意识丧失的伤病员现场急救的一种方法，目的是通过操作来恢复猝死伤病员的自主循环、自主呼吸和意识。心肺复苏最重要的阶段为基础生命支持（BLS），其内容归纳为 CAB 三步骤。

提示

C（circulation）是指建立有效循环。

A（airway）是指畅通气道。

B（breathing）是指人工呼吸。

现场评估

一、判断意识并启动急救医疗服务体系

1. 判断意识：轻拍伤病员肩部，在其耳旁高声呼唤："喂，你怎么了？"如轻拍、高呼无反应，即判断为无意识。在判断意识的同时还要判断有无呼吸。

2. 启动急救医疗服务体系：一旦判断伤病员意识丧失无呼吸，立即呼救，并拨打急救电话，寻求会急救技术的人一起施救。

专家提示

如果脑组织血液循环中断 4～6 分钟，脑细胞就会发生不可逆的肿胀、变性和坏死，伤病员存活的希望往往取决于最初的这几分钟时间。所以一旦发生心搏、呼吸骤停，第一反应者要在最短时间内进行抢救，并迅速启动急救医疗服务体系。

二、建立有效循环——胸外按压（C）

进行心肺复苏时，应使伤病员仰卧于坚实平面（地面或垫板）上，呈心肺复苏体位。伤病员头颈与躯干保持在一个轴线上，注意保护伤病员颈部。

1. 检查颈动脉搏动：检查颈动脉搏动的时间不超过 10 秒，非专业急救人员不需要检查伤病员颈动脉搏动。

2. 胸外心脏按压：

心脏位置：一般人的心脏位于胸腔中间偏左，约 2/3 居正中线左侧，1/3 居正中线右侧。

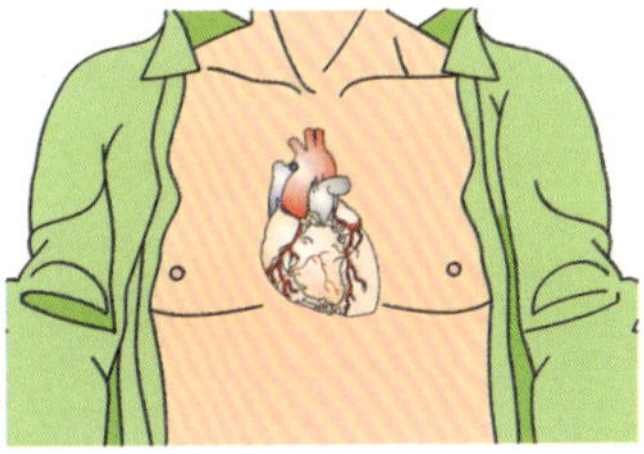

心脏位置

按压部位：胸骨下 1/2 处（两乳头连线的中点）。

按压方法：施救者一手掌根部放在伤病员心肺复苏按压部位，另一只手掌根部覆盖在之前手上，双肘伸直，双肩在伤病员胸骨正上方，以髋关节为支点，利用上身重量和上臂的力量，垂直向脊柱方向按压，使胸廓下陷至少 5 厘米（成人），而后迅速放松，解除压力，让胸廓自行复位，使心脏舒张，如此有节奏地反复进行。

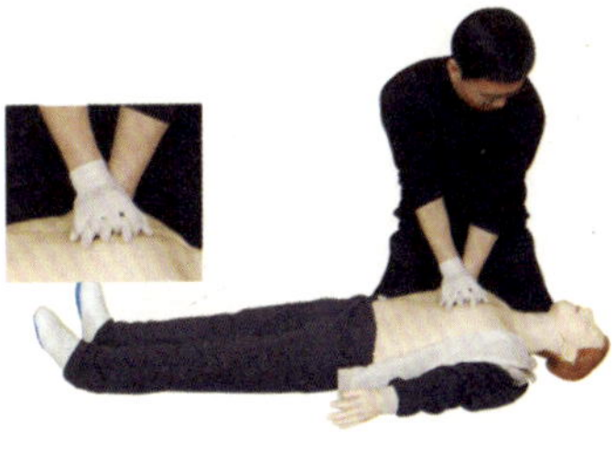

胸外心脏按压

按压频率：按压频率成人至少为 100 次 / 分，但不要超过 120 次 / 分。按压与放松的时间大致相等，放松时掌根部不得离开按压部位，以防位置移动，但放松应充分，以利于血液回流。

注意

1. 按压部位要准确：部位太低，可能损伤腹部脏器或引起胃内容物反流；部位过高，可伤及大血管；若部位不在中线，则可能引起肋骨骨折等并发症。

2. 按压姿势要正确：注意肘关节伸直，双肩位于伤病员胸骨的正上方，垂直向下用力按压，以髋关节为支点，利用上身重量和上臂力量向下按压。以掌根部位接触伤病员胸骨，手指不应加压于伤病员胸部，放松时掌根不离开胸壁。

3. 按压力量要均匀适度：过轻达不到效果，过重易造成损伤。

4. 按压操作中断时间不能超过 10 秒。

5. 按压期间，密切观察病情，评估按压效果。

三、畅通气道（A）

伤病员心搏、呼吸停止后，全身肌张力下降，舌肌松弛后坠而阻塞气道。采用开放气道的方法，可使阻塞气道的舌根上提，使气道通畅。

1. 清除气道异物：将伤病员置于仰卧位，解开衣领及裤带。先将伤病员头偏向一侧，清除出口中污物、义齿等后再转为面朝上。

2. 开放气道：用仰头举颏法开放气道。施救者一手置于伤病员额部，手掌向后向下用力，使其头后仰；另一手手指放在下颌骨下方，同时用力将颏部向前向上举起。

疑有颈部损伤的伤病员，可用托颌法。施救者双手在伤病员头部两侧握住下颌角，双肘支撑在伤病员平躺的平面，用力向上托下颌，同时用拇指分开口唇。

提示

用仰头举颏法开放气道时应注意：不要压迫颏下软组织，以免造成气道阻塞；避免用拇指抬颏部；头部后仰的程度，成人为下颌角、耳垂的连线与地面垂直，即头后仰 90°，儿童为 60°，婴儿为 30°。

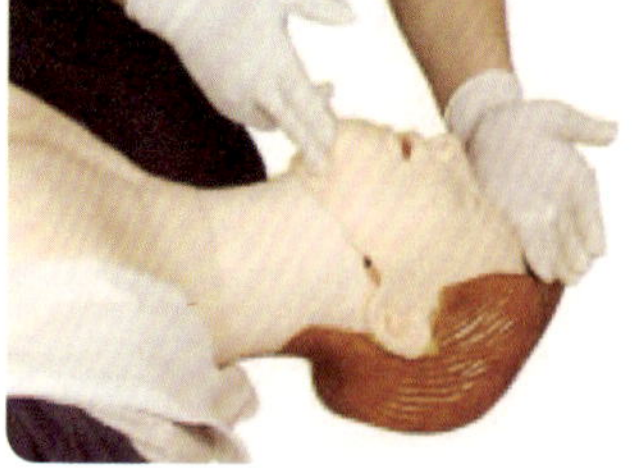
仰头举颏法

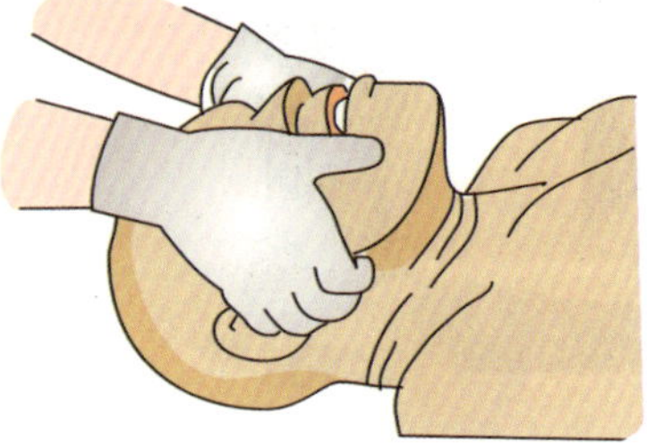
托颌法

四、人工呼吸（B）

人工呼吸是用人工方法（手法或机械）借外力来推动肺、胸肌或胸廓的活动，使气体被动进入或排出肺脏，以保证机体氧的供给和二氧化碳排出。最简单、常用和有效的人工呼吸方法是口对口人工呼吸。

提示

判断呼吸，正常人呼吸时胸部或腹部有起伏，如果发现伤病员胸部及腹部无起伏，听不到伤病员呼吸的声音或感觉不到呼出的气流，即可判断伤病员已经没有呼吸。

口对口人工呼吸：

1. 施救者用压伤病员前额的手的拇指和食指捏紧伤病员的鼻孔，防止吹气时气体从鼻孔逸出。然后平静地吸一口气，双唇包住伤病员口部，缓慢持续地将气吹入伤病员口中，使伤病员胸廓隆起。连续吹气 2 次，每次吹气时，伤病员胸廓应有明显起伏。

2. 按压吹气比例为 30 ：2，即按压 30 次后吹气 2 次。按压与吹气时注意伤病员反应。持续 5 个周期后评估伤病员情况，如无反应，仍按以上步骤重复操作直到专业急救人员到来。

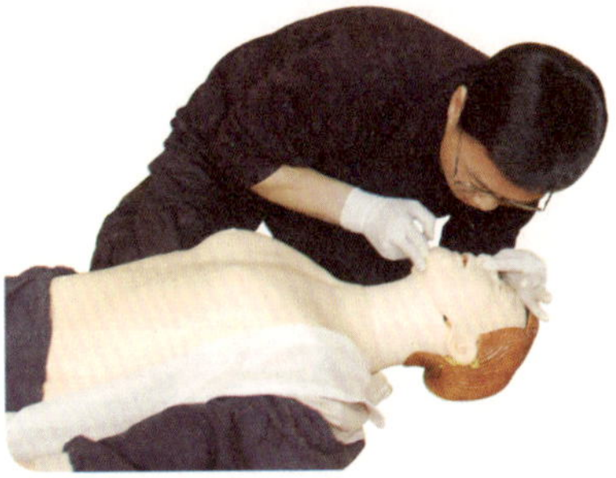

捏鼻

专家提示

人工呼吸的有效指征为：看到伤病员胸廓起伏，吹气时可感到气道阻力规律性升高，呼气时听到或感到有气体逸出。

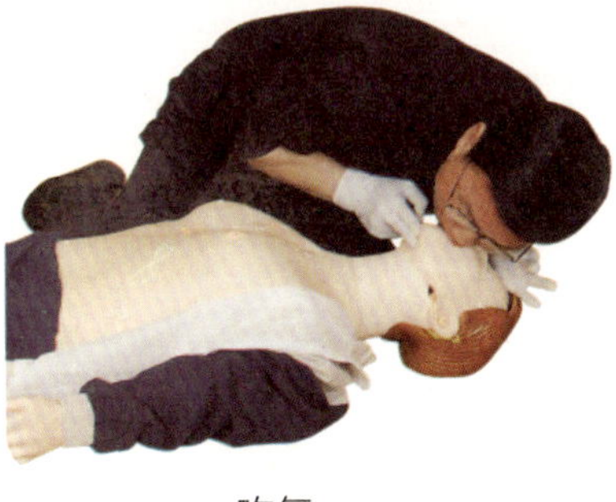

吹气

口对口人工呼吸

注意

1. 避免过度通气。
2. 避免急速吹入过大气量，吹气过猛、过大可使气体吹入胃内而发生胃胀气。
3. 吹气时，口对口接触应严密，不能漏气。

5 自动体外除颤器的使用

自动体外除颤器（AED）英文全称为 automated external defibrillator，是一种便携式、易于操作、专为现场除颤设计的急救设备。如果施救者目睹发生院外心脏骤停且现场有 AED，应尽快使用 AED。

提示

心脏骤停主要是因心室颤动引起，想要挽救生命，就要及时进行心脏除颤，除颤越早，救活的可能性就越大。

使用技巧

1. 确定伤病员具有“三无征”，即无意识、无脉搏、无呼吸。

2. 按照说明书提示将 AED 电极片贴到伤病员裸露的胸部进行除颤。贴好电极片后施救者注意保持不与伤病员身体接触。

3. 启动 AED 的心律分析键，经分析后确认需要除颤，AED 即发出充电信号，自动充电完毕后，按动除颤放电键，完成第一次除颤。

4. 完成第一次除颤后，应继续进行心肺复苏。

自动体外除颤器

附

成人、儿童、婴儿实施心肺复苏要点

项目		成人	儿童（1 ~ 8 岁）	婴儿（1 岁以内）
胸外按压	部位	胸部正中线与乳头连线水平（胸骨下 1/2 处）	胸部正中线与乳头连线水平（胸骨下 1/2 处）	胸部正中线与乳头连线下方水平
	方式	双手掌根重叠	单手掌根或双手掌根重叠	中指和无名指
	深度	5 ~ 6 厘米	胸廓前后径的 1/3	胸廓前后径的 1/3
	频率	100 次 / 分	100 次 / 分	100 次 / 分
开放气道头后仰角度		90°	60°	30°
人工呼吸	方式	口对口，口对鼻	口对口，口对鼻	口对口鼻
	吹气量	胸部隆起	胸部隆起	胸部隆起
按压与吹气比例		30 ：2	30 ：2	30 ：2

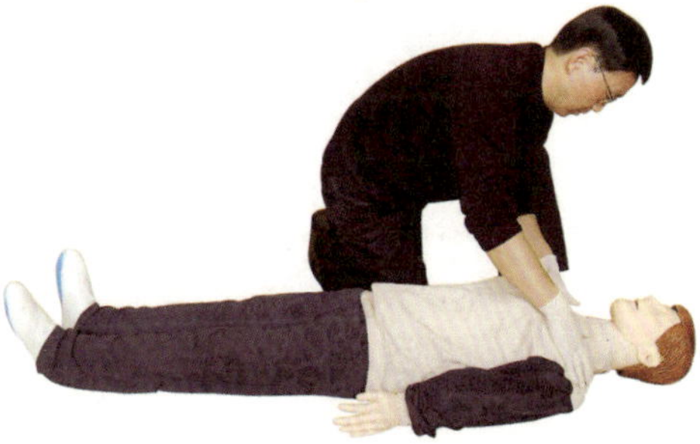

1. 判断意识

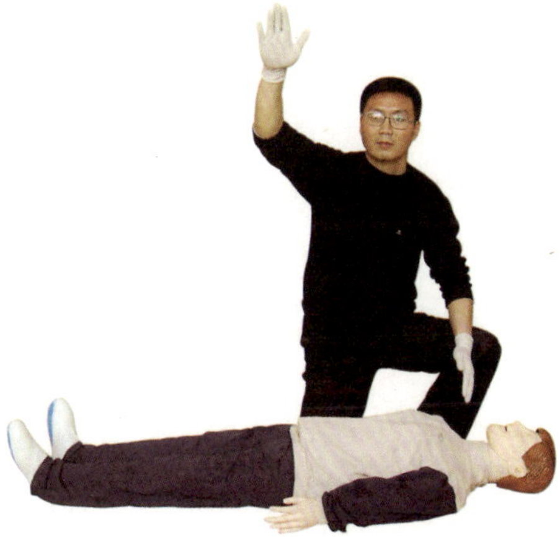

2. 高声呼叫

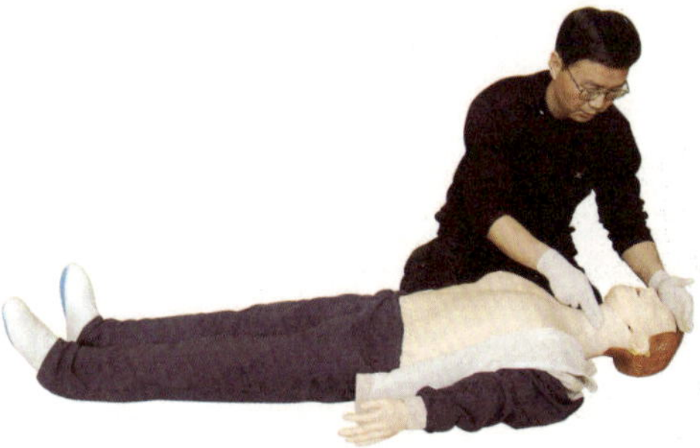

3. 检查脉搏

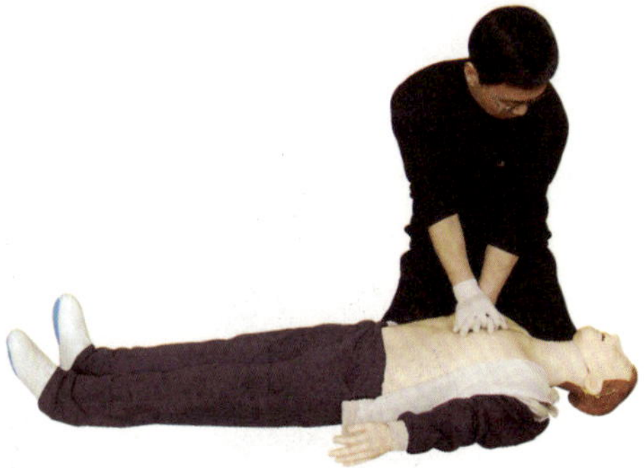

4. 实行心脏按压

5. 畅通气道

6. 人工呼吸

心肺复苏救护图解

注：非专业急救人员不需要进行检查脉搏操作。

6 气道阻塞急救法

气道阻塞急救常采用 20 世纪 70 年代中期兴起的“海氏急救法”，通过给伤病员膈肌以突然向上的压力，使两肺下部受压，驱使残留肺部的气流进入气管，逐出堵在气管的异物，使气道畅通。

提示

引起气道阻塞的原因有：饮食不慎，如在进食过程中说话、哭笑、剧烈活动等；大量饮酒，导致咽部肌肉麻痹，吞咽失灵；昏迷伤病员舌根后坠，致胃内容物反流至咽部。

应对技巧

1. 自救腹部冲击法：弯腰，头部前倾，低头张口，一手握空心拳，拳眼顶住腹部正中线脐上二横指处，另一手紧握住此拳，双手同时向内、向上冲击 5 次；重复操作若干次，直至异物排出。

还可以将上腹部压在任何坚硬物面上，如桌边、椅背、栏杆等处，连续向内、向上冲击 5 次；重复操作若干次，直至异物排出。

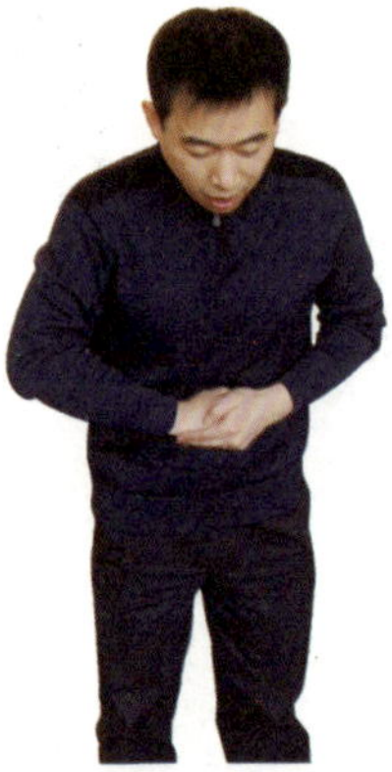

自救腹部冲击法

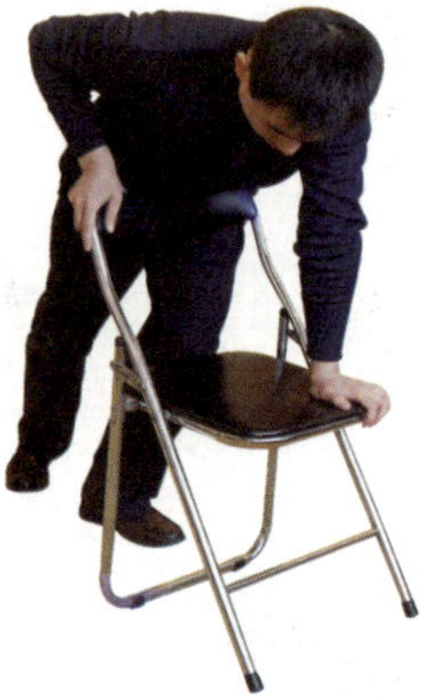

椅背腹部冲击法

2. 互救立位腹部冲击法：适用于意识清醒的异物阻塞气道的伤病员。

（1）首先询问伤病员：“是否有异物阻塞？”“是否需要帮助？”

（2）施救者站在伤病员的背后，令其弯腰，头部前倾。伤病员低头张口，以便异物排出。施救者以双臂环绕其腰，一手握空心拳，拳眼顶住其腹部正中线脐上二横指处；另一手紧握此拳快速有力向上、向内冲击 5 次。

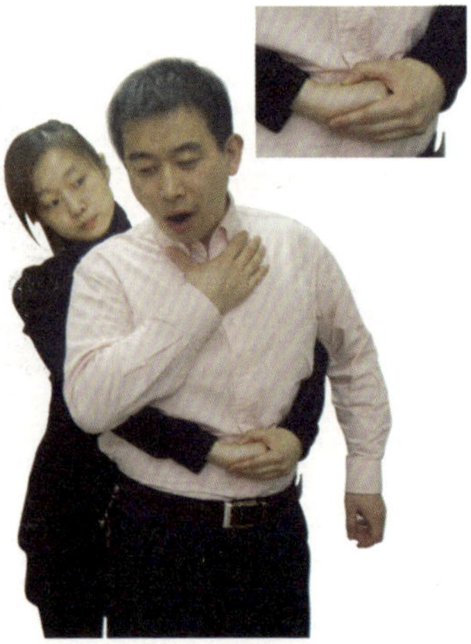

互救立位腹部冲击法

专家提示

1. 气道不完全阻塞时，可见伤病员剧烈咳嗽，张口吸气时听到异物冲击性的高啼声，面色青紫、发绀，伤病员常不自主地以一手的拇指和食指呈“V”字形紧贴于颈前喉部，痛苦面容，欲言但发不出声。

2. 气道完全阻塞时，伤病员不能说话，不能咳嗽，不能呼吸，面色灰暗、青紫，失去知觉，昏倒在地，严重者窒息、呼吸骤停。

3. 互救仰卧位胸部冲击法：对于意识不清醒的妊娠晚期或肥胖的伤病员，可采用仰卧位胸部冲击法。将伤病员置于仰卧位，头部偏向一侧。施救者骑跨在伤病员髋部两侧，一手掌根平放于胸骨下 1/2 处（两乳头连线的中点），另一只手直接放到第一只手的手背上，两手重叠。两手合力向内、向上冲击 5 次；重复操作若干次，直至异物排出，取出异物。检查心搏和呼吸，对心搏呼吸骤停的伤病员，应立即进行心肺复苏。

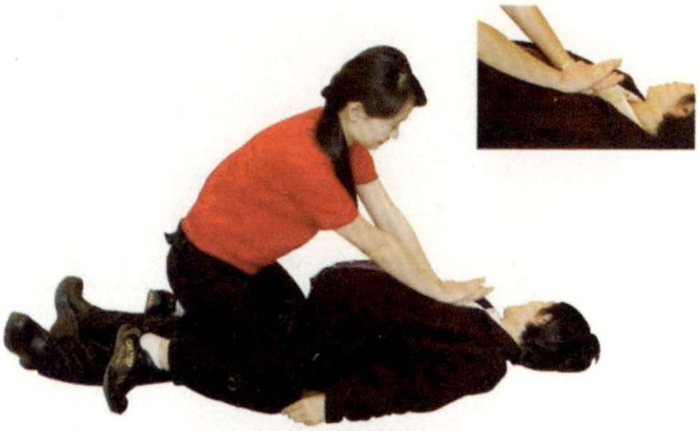

仰卧位胸部冲击法

4. 婴儿背部叩击法：将婴儿呈仰卧位骑跨在施救者的前臂上，使之头低脚高，一手掌将婴儿的后颈部固定，使婴儿头部轻度后仰，固定婴儿双侧下颌角，畅通气道。将婴儿翻转成俯卧位，使其头低于躯干，同时用手握住双下颌以托住头，并将前臂放到自己的大腿上。用另一只手的掌根叩击婴儿两肩胛骨之间 5 次。

5. 婴儿胸部冲击法：将婴儿呈俯卧位平躺在施救者的前臂上，使之头低脚高，一手掌将婴儿的前颈部固定，翻转成仰卧位，并将前臂放到自己的大腿上，头部向下，施救者用手支撑婴儿的头部及颈部，用另一只手的中指和食指，向下冲击婴儿的胸骨下部（与婴儿胸外心脏按压位置相同）5 次。

如单一方法不能解除阻塞，则应背部叩击法与胸部冲击法交替进行。

婴儿背部叩击法

婴儿胸部冲击法

7 止血方法

人体血量大约占体重的 8%，如体重为 50 千克，则体内约有 4 000 毫升的血液。若急性出血时，血液流失超过全身血量的 1/4 ~ 1/3，就有生命危险。

提示

急性创伤性大量出血是伤后早期死亡的主要原因之一。因此，及时进行止血，对挽救伤病员的生命具有非常重要的意义。

应对技巧

1. 手指压迫止血法：指用手指、手掌或拳头压迫伤口近心端的动脉，将动脉压向深部的骨骼上，阻断血液流通，达到临时止血目的的方法。指压止血法适用于中等或较大的动脉出血，多用于头、颈部及四肢的动脉出血。

（1）头顶部出血：一侧头部出血，可用食指或拇指压迫同侧耳屏前部下颌关节处的颞浅动脉。

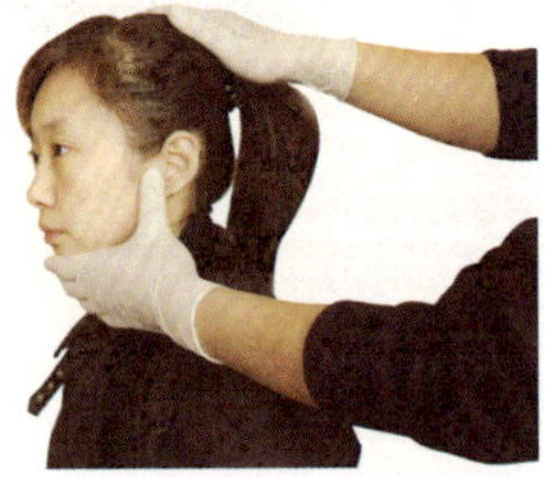
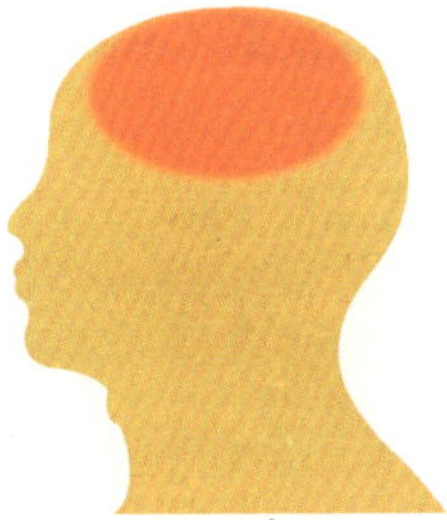

头顶部出血，压迫止血

（2）颜面部出血：一侧颜面部出血，可用食指或拇指压迫同侧下颌骨下缘、下颌角前方约 3 厘米凹陷处的面动脉。

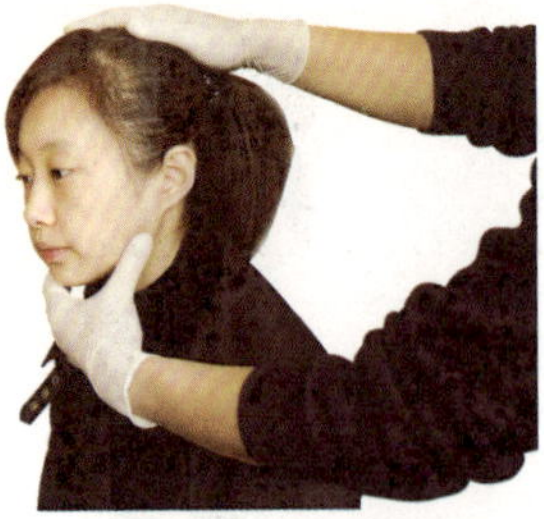
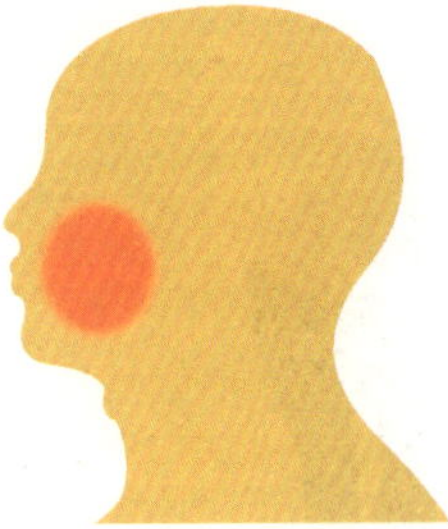

颜面部出血，压迫止血

（3）头颈部出血：用拇指或另外四指压迫同侧气管外侧与胸锁乳头肌前缘中点之间的颈动脉。严禁同时压迫两侧颈动脉。

（4）肩腋部出血：用拇指压迫同侧锁骨上窝中部的锁骨下动脉。

（5）前臂与上臂出血：用拇指或另外四指压迫上臂内侧肱二头肌与肱骨之间的肱动脉。

（6）手部出血：用两手拇指分别压迫手腕横纹稍上处内外侧尺、桡动脉。

专家提示

根据出血的血管种类，出血可分为动脉出血、静脉出血、毛细血管出血三种。动脉出血血色鲜红，出血呈喷射状，危险性大。静脉出血血色暗红，血流较缓慢，呈持续性。毛细血管出血血色鲜红，血从伤口渗出，常可自动凝固而止血，危险性较小。

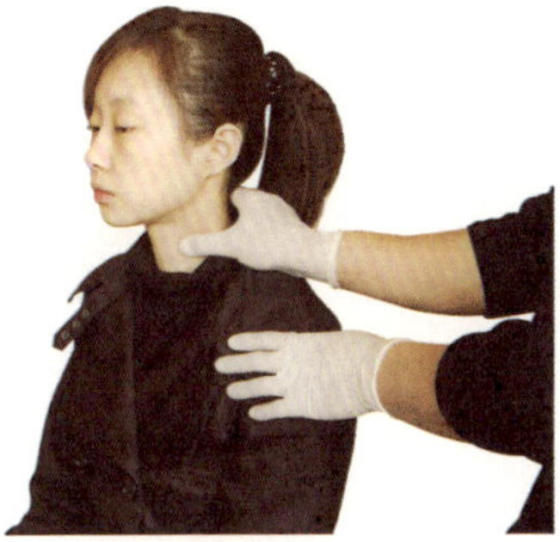
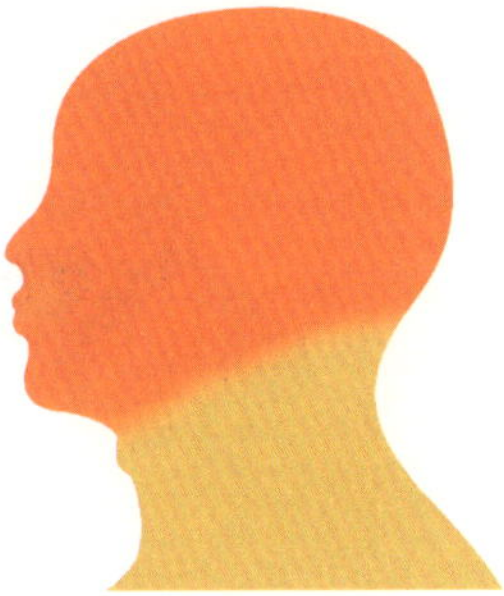

头颈部出血，压迫止血

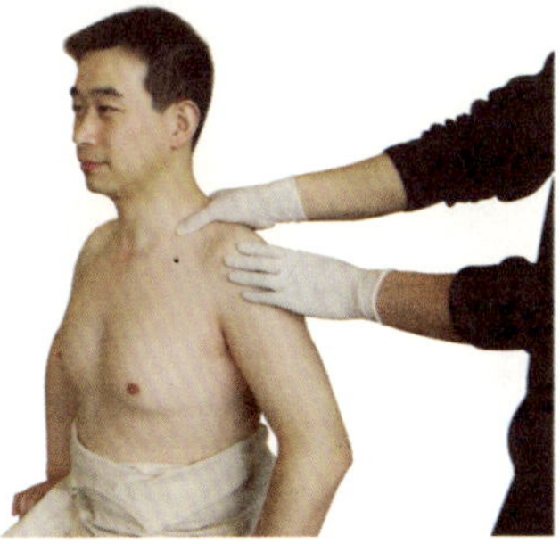
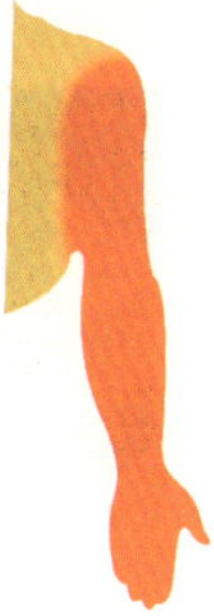

肩腋部出血，压迫止血

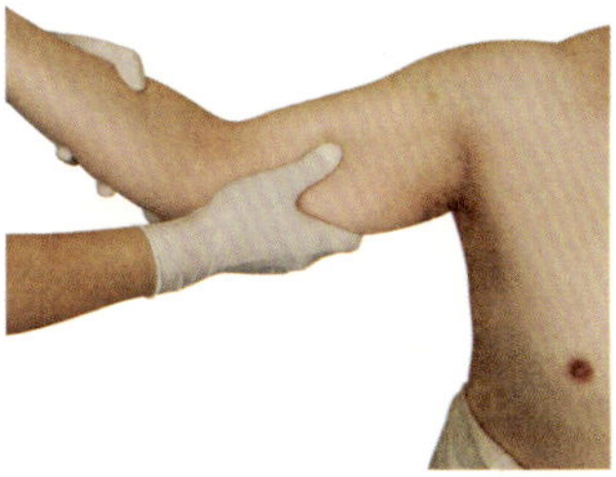

前臂与上臂出血，压迫止血

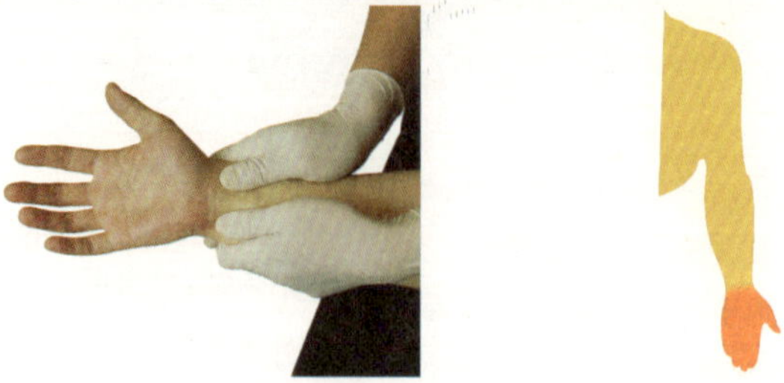

手部出血，压迫止血

（7）下肢出血：大腿及其以下部位出血，可用双手拇指压迫大腿根部腹股沟中点稍下方的股动脉。互救时，可用一手手掌压迫，另一手手掌压在其上。

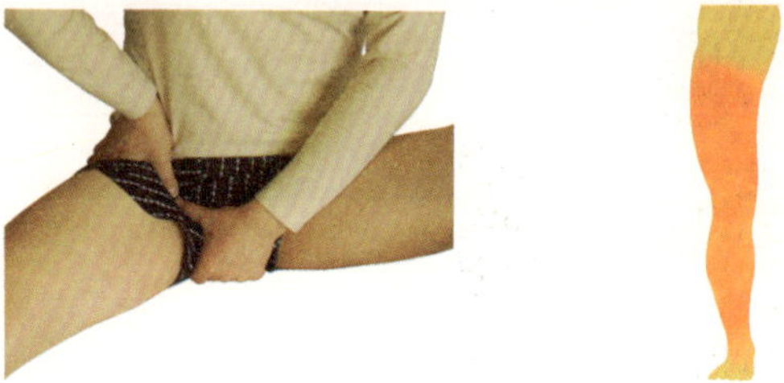

下肢出血，压迫止血

（8）小腿出血：小腿及其以下部位出血，自救时先在腘窝处摸到腘动脉的搏动，然后用大拇指向腘窝深部压迫。

小腿出血，压迫止血

（9）足部出血：用两手食指或拇指压迫足背中部近脚踝处足背动脉和足跟内侧与内踝之间的胫后动脉。

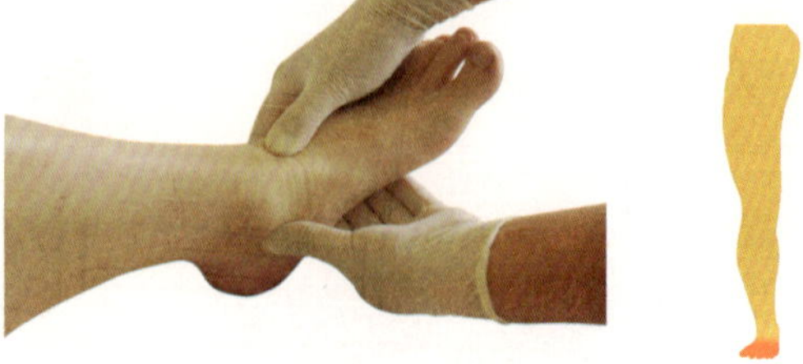

足部出血，压迫止血

2. 加压包扎止血法：先将无菌敷料覆盖在伤口上，再用绷带或三角巾以适当压力包扎，其松紧度以能达到止血目的为宜。必要时可将手掌放在敷料上均匀加压。加压包扎止血法适用于小动脉，中、小静脉或毛细血管出血。

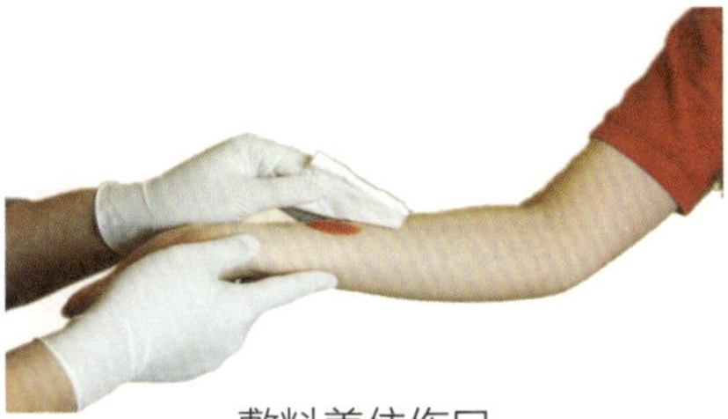

敷料盖住伤口

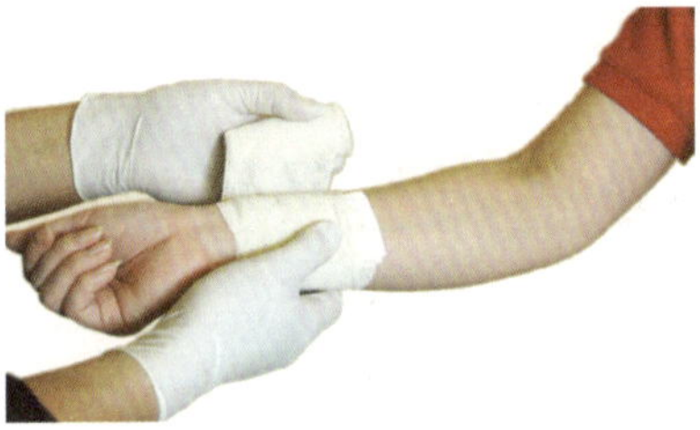

绷带包扎

加压包扎止血

专家提示

因为止血带的潜在不良反应及很难正确使用，所以，只有在直接压迫无效或无法直接压迫并掌握止血带的正确使用方法时才使用止血带止血。使用止血带的注意事项如下：

1. 上止血带部位要准确，应扎在伤口的近心端，并应尽量靠近伤口。前臂和小腿不适用扎止血带，因前臂和小腿分别由尺骨、桡骨和胫骨、腓骨组成，动脉常走行于其两骨之间，所以止血效果差。上臂扎止血带时，应扎在上臂的上 1/3 处，不可扎在下 1/3 处，以防损伤桡神经。下肢扎在大腿的中上部。

2. 使用止血带压力要适当，以刚达到远端动脉搏动消失，能止血为度。

3. 止血带下加衬垫，切忌用绳索或铁丝直接加压。

4. 应有明显标记，记录使用止血带时间并迅速转送伤病员。

5. 每隔 45 ~ 50 分钟要松开止血带 3 ~ 5 分钟，以防止机体坏死。

3. 屈肢加垫止血法：肘、膝关节远端肢体受伤出血时，先确定局部有无骨关节损伤，再根据情况选用止血法。在肘、膝关节处垫以棉垫卷或绷带卷，再将肘关节或膝关节屈曲，借衬垫物压住动脉，并用绷带或三角巾将肢体固定于屈曲位。此方法虽然能止血，但可能压迫血管、神经等组织，如伤肢合并有骨关节损伤时则可能加重损伤，且不便于伤病员搬运，故尽量不用。屈肢加垫止血时，应注意肢体远端血液循环，每隔 40 ~ 50 分钟，缓慢松开 3 ~ 5 分钟，以防止机体坏死。

4. 填塞止血法：用无菌敷料填入伤口内，外加大块敷料加压包扎。一般只用于大腿根、腋窝、肩部等难以用一般加压包扎止血的较大出血情况。

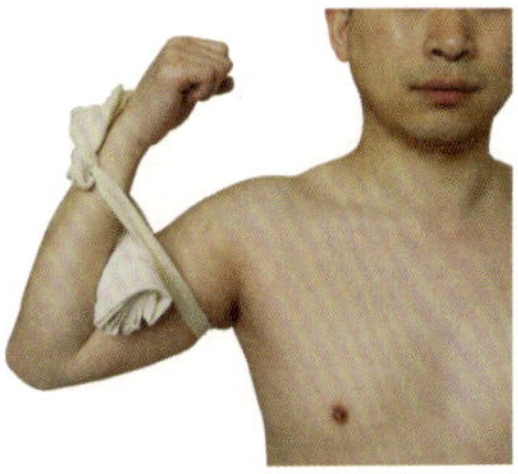

上肢

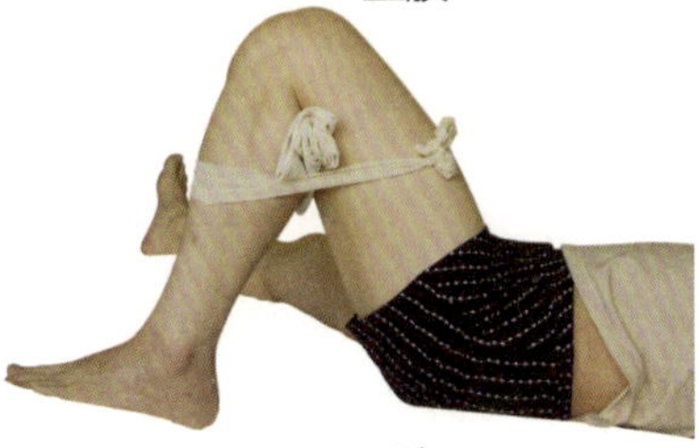

下肢

屈肢加垫止血

8 伤口包扎

包扎是现场对开放性伤口的临时处置，用于防止伤口出血、保护伤口免受再次污染、固定敷料和夹板的位置等治疗性措施。

提示 包扎伤口时，动作要迅速、敏捷、谨慎，不要碰撞和污染伤口，以免引起疼痛、出血或污染。

应对技巧

一、绷带包扎法

绷带包扎是最常用的急救技术。

1. 环形包扎法：适用于绷带包扎开始与结束时，包扎颈、腕、胸、腹等粗细相对均匀部位的小伤口，是绷带包扎中最基本、最常用的方法。将绷带做环形的重叠缠绕，下周将上周绷带完全遮盖，最后用胶布将带尾固定或将带尾中间剪开分成两头，打结固定。

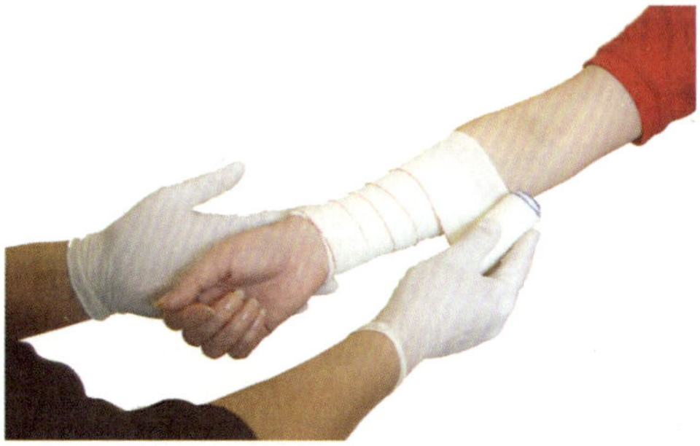

螺旋包扎法

2. 螺旋包扎法：适用于包扎直径基本相同的部位，如上臂、手指、躯干、大腿等。先环形缠绕数周，然后稍微倾斜螺旋向上缠绕，每周遮盖上一周的1/3 ~ 1/2 。

3.“8” 字形包扎法：适用于直径不一致的部位或屈曲的关节如肩、腕、膝等部位，应用范围较广。在伤处上下，将绷带由下而上，再由上而下，重复做“8”字形旋转缠绕，每周遮盖上周的 1/3 ~ 1/2。

小贴士 常用的绷带有纱布绷带和棉布绷带，一般长度为 500 厘米，宽度有 5 厘米、7 厘米、10 厘米等。根据包扎部位不同，可以选用不同规格的绷带。

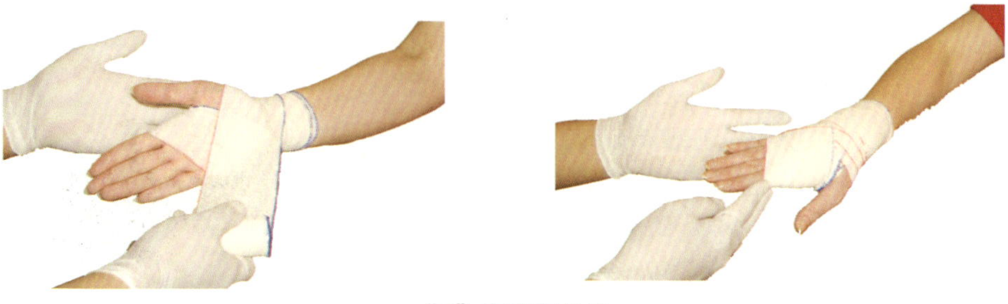

“8”字形包扎法

4. 回返包扎法：适用于头部或断肢（截肢）残端的包扎。以头部为例：先围绕头部做 1.5 周环形包扎，位置尽量靠下（前面在眉上，后面在枕骨下），然后自中间开始，交替向左右移行，每次重叠应大于 1/2 以防止滑脱，最后以环形包扎法固定。

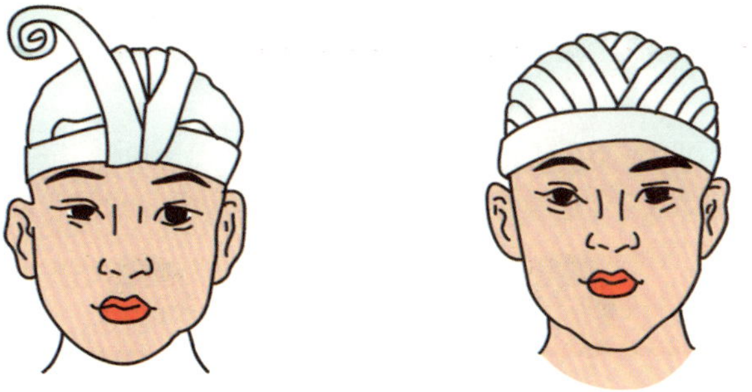

回返包扎法

二、三角巾包扎法

三角巾制作简单，应用方便，用法容易掌握，包扎部位广，还可折成条带、燕尾巾或连成双燕尾巾使用。

三角巾

1. 头面部包扎：

（1）头顶帽式包扎法：将三角巾的底边向上反折约 3 厘米，其正中部放于伤病员的前额，与眉平齐，顶角拉向头后，三角巾的两底角经两耳上方，拉向枕后交叉，并压住顶角，再绕回前额齐眉打结。一手按住头顶，另一手将顶角拉紧，并将顶角折叠后掖入头后部交叉处。

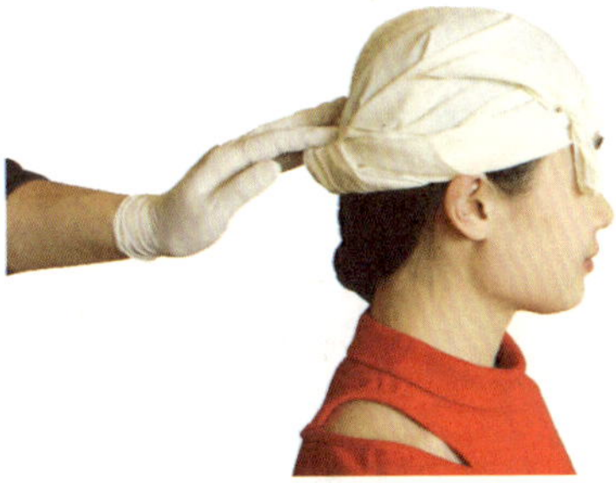

头顶帽式包扎法

（2）风帽式包扎法：将三角巾顶角和底边中央各打一结，即成风帽状，将顶角结放于额前，底边结放在后脑勺下方，包住头部，两角往面部拉紧，向外反折包绕下颌，然后拉到枕后打结即成。

2. 肩部包扎：

（1）单肩包扎：三角巾折叠成燕尾式，燕尾巾夹角约 90°。大片在后压住小片放到伤侧肩上，燕尾巾夹角对准伤侧颈部，燕尾底边两角绕上臂上部打结，拉紧

提示

将三角巾的两底角对折重叠，然后将两底角错开并形成夹角，即成为燕尾式，简称燕尾巾。

两燕尾角绕胸、背部于对侧腋窝前（或腋窝后）打结。

（2）双肩包扎：三角巾叠成燕尾式，夹角朝上对准颈部，燕尾披在双肩上，两燕尾角分别经左右肩拉到腋下和同侧的顶角、底边中点，在腋下打结。

单肩包扎

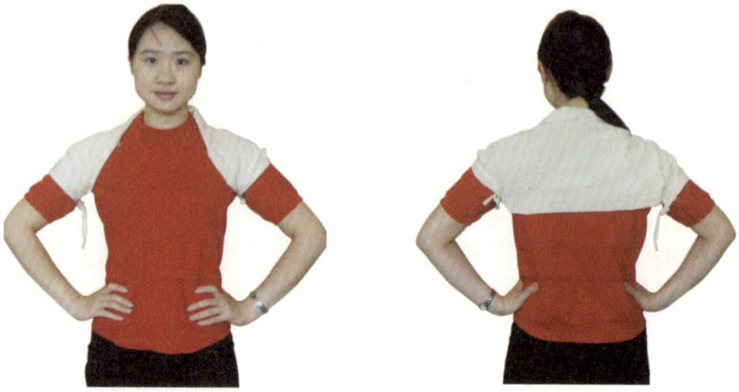

双肩包扎

3. 胸（背）部包扎：三角巾叠成燕尾式，燕尾夹角约 100°，置于胸前，夹角对准胸骨上凹（背部包扎三角巾置于背部，夹角对准后正中线）处，两燕尾角过肩于背后（背部包扎燕尾角过肩于胸前），将燕尾顶角系带围胸与底边在背后打结（背部包扎在胸前打结），然后将底角系带拉紧绕上述打结带后上提，与另一燕尾角打结。

4. 腹部包扎：三角巾顶角朝下，底边平放在腹部，拉紧底角在腰部打结，顶角经会阴部拉至腰部与两底角连接处打结。

5. 单侧臀部包扎：三角巾叠成燕尾式，燕尾式夹角约 60° 朝下对准外侧裤线。伤侧臀部的后大片压住前面的小片，顶角与底边中央分别过腹腰部到对侧打结，两底角包绕伤侧大腿根打结。

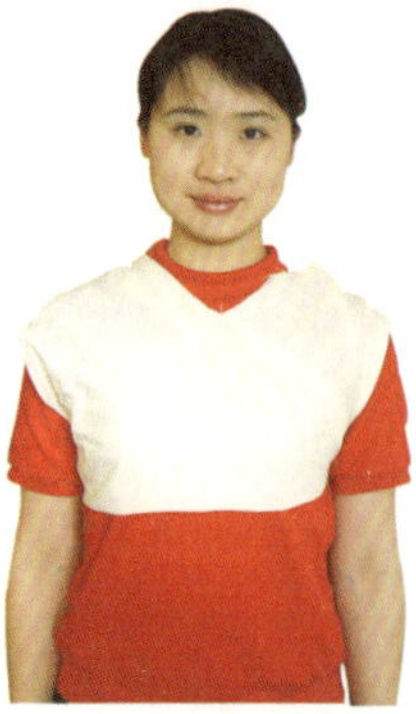

胸部包扎

腹部包扎

单侧臀部包扎

6. 手（足）部包扎：三角巾展开，受伤手掌（足）平放在三角巾中央，手指（足趾）尖对向顶角，指缝（趾缝）夹入敷料，将顶角折回，盖于手（足）背，两底角左右交叉压住顶角，绕腕（踝）部一周打结。

7. 膝部带式包扎：将三角巾叠成适当宽度的带状，把带的中段斜放于伤部，取带两端分别压住上下两边，向后缠绕肢体一周打结，呈“8”字形包扎。

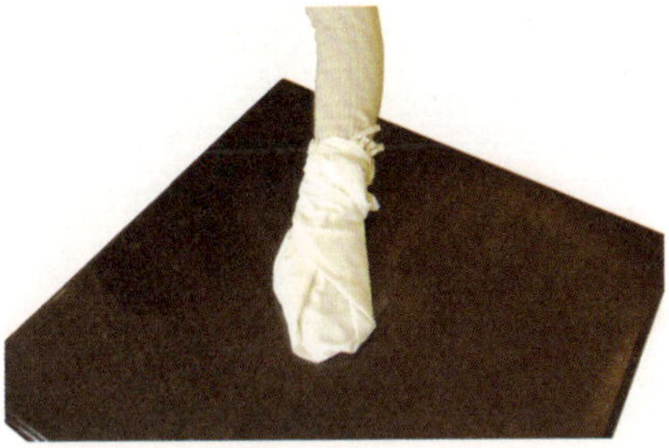

手部包扎

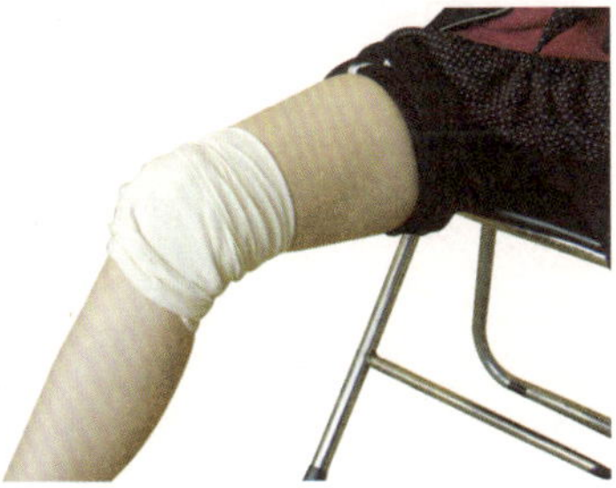

膝部带式包扎

注意

1. 包扎伤口时，先盖上无菌敷料，然后再用绷带等。

2. 包扎时松紧要适宜，过紧会影响局部血液循环，过松易致敷料脱落或移动。

3. 包扎时要使伤病员保持舒适体位。皮肤皱褶处如腋下、乳下、 腹股沟等，应用棉垫或纱布衬隔，骨隆突处也用棉垫保护。需要抬高肢体时，应给适当的托扶物。包扎的肢体必须保持功能位置。

4. 根据包扎部位，选用宽度适宜的绷带和大小合适的三角巾等。

5. 包扎方向为从远心端向近心端包扎，以助静脉血液的回流。固定时忌在伤口上、骨隆突处或易于受压的部位打结。

6. 手指、足趾未损伤者，包扎时要暴露肢体末端，以便观察末梢血液循环。

9 骨折固定

固定是对骨折和怀疑骨折的伤病员所采用的局部或全身的制动措施，是与止血、包扎同样重要的基本的急救技术。固定的目的是减轻疼痛，防止再损伤，便于安全转运伤病员。

提示

如果受到外伤后，局部有疼痛、压痛、肿胀、瘀斑及功能障碍，甚至出现肢体畸形及异常活动，多提示可能发生了骨折。

应对技巧

1. 上臂骨折固定：将伤病员患肢屈肘 90°，用两块夹板固定伤处，一块放在上臂内侧，另一块放在外侧，然后用绷带固定。如果只有一块夹板，则将夹板放在外侧固定。固定好后，用绷带或三角巾悬吊伤肢。

2. 前臂骨折固定：用两块夹板（紧急情况下可就地取材，用木板、木棒、竹板、杂志等替代）分别放在背侧和掌侧，若只有一块就放于背侧，加垫子，用手帕、布条或三角巾叠成带状，先固定骨折上端（近心端），再固定骨折下端（远心端）。注意不要将结系在骨折处。最后用三角巾或腰带、衣服等将前臂悬吊于胸前。

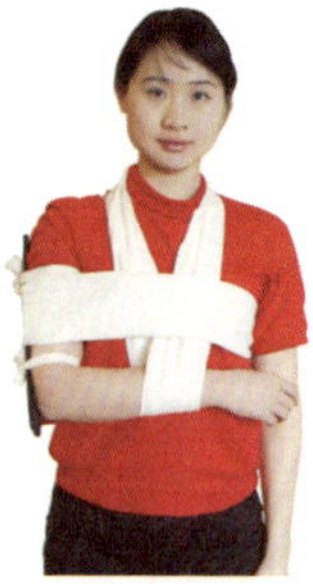

上臂骨折固定

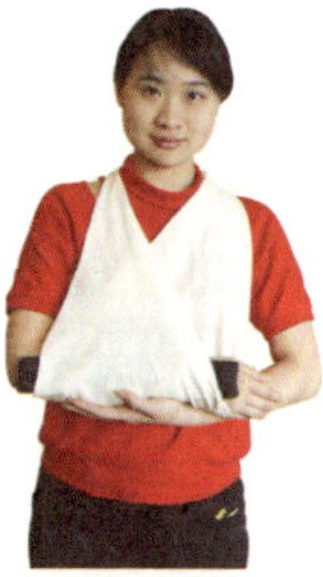

大悬带悬吊

衣服固定

前臂骨折固定

3. 大腿骨折固定：脱下患肢鞋袜，取一长夹板放在患肢的外侧，长度为从足跟至腋窝部；另用一夹板置于患肢内侧，长度为从足跟至大腿根部。腋下、膝关节、踝关节、骨突部加棉垫保护，空隙处用柔软物品填实。然后用 7 条绷带或三角巾分别在骨折上端、骨折下端、腋下、腰部、髋部、小腿及踝部将夹板固定。无长夹板时可用健肢固定。

专家提示

健肢固定方法：

1. 用绷带或三角巾等物品 5 条，将双下肢固定在一起。

2. 两膝、两踝及两腿间加棉垫保护。

3. “8” 字形固定足踝。

4. 趾端露出，以便检查末梢循环。

4. 小腿骨折固定：取两块木板，分别放在伤腿的内、外侧，然后用 4 条绷带或三角巾分别在骨折上端、骨折下端、大腿及踝部将夹板固定。紧急情况下无夹板时，可将伤病员两下肢并紧，两脚对齐，然后将健侧肢体与伤肢固定在一起，用 4 条绷带或三角巾分别在骨折上端、骨折下端、大腿及踝部绑扎。注意，在关节和两小腿之间的空隙处垫以纱布或其他柔软物。

大腿骨折固定

小腿骨折固定

5. 骨盆骨折固定：伤病员呈仰卧位，双下肢屈曲，双膝下放置软垫。用三角巾或宽布带围住伤病员臀部及髋部，适当加压，包扎固定。两膝之间加垫子，用宽布条捆扎固定。尽量不要移动伤病员，直到专业急救人员到来。

骨盆骨折固定

6. 脊柱骨折固定：尽量不要移动伤病员。施救者可用双手保持伤病员头和颈部不动，用衣物、毛毯等柔软物品固定伤病员躯体，等待救护车到来。如果所处环境存在危险，应在专业急救人员的指挥下，保持伤病员头、颈、躯干在一条线上，几个人一起将伤病员放在平板上，充分固定后再转运到安全环境。

提示

脊柱发生损伤时会失去对脊髓的保护作用，此时，如果搬运方法不当，就会损伤脊髓神经，造成严重后果。

进一步建议

1. 施救者应先对现场的安全进行评估，若现场不安全，应将伤病员搬运到安全区域再固定。

2. 在处理开放性骨折时，不可把外露的骨端送回，以免造成感染。

3. 夹板的长度与宽度要与骨折的肢体相适应，其长度必须超过骨折的上、下两个关节。

4. 夹板不可与皮肤直接接触，其间应垫棉花或其他物品，尤其在夹板两端、骨突出部位和悬空部位应加厚衬垫，防止受压或固定不牢。

5. 固定应松紧适度。肢体骨折固定时，一定要将指（趾）端露出，以便随时观察末梢血液循环情况。

6. 固定时要避免不必要的搬动，不可强制伤病员进行各种活动。

10 伤病员搬运

搬运主要是指将伤病员迅速、安全地脱离事故现场和转移到运输工具上所采用的方法和技术。现场搬运应根据伤病员不同的伤情，灵活选择搬运工具和搬运方法。

提示

搬运不当会加重伤病员病情，造成严重后果。因此，搬运伤病员要掌握的原则是不能对其造成新的伤害或加重伤（病）情。

应对技巧

1. 徒手搬运法：当现场找不到担架，而转运路程较近、病情又轻时，或是现场情况危急、次生灾害发生概率较高，急需快速脱离现场时，可以采用徒手搬运法。此法对伤病员、搬运者都比较劳累，故病情重的伤病员，不宜采用此法搬运。徒手搬运法有下列几种：

（1）单人搬运：

1）拖行法：指用毛毯、衣服、腋下拖拉伤病员的搬运方法。

毛毯拖行

衣服拖行

腋下拖行

拖行法

2）扶持法：对病情较轻，能够站立行走的伤病员可采取此法。施救者站在伤病员一侧，伤病员一侧上肢环绕施救者颈部，施救者一只手扶住伤病员手臂，另一只手扶持伤病员的腰部，使其身体略靠着施救者前行。

3）背负法：施救者站在伤病员前面，呈同一方向，微弯背部，将伤病员背起，但对胸部创伤者不宜采用。

4）爬行搬运：将伤病员的双手交叉用布料捆绑于胸前，施救者骑跨于伤病员躯干两侧，将伤病员捆绑的双手套于施救者的颈部，使伤病员的头、颈、肩部离开地面，施救者爬行前进搬运伤病员。

爬行搬运

（2）多人搬运：多用于脊柱骨折（或脊柱脱位）伤病员的短距离搬运。一人双手抱伤病员头两侧轴向牵引颈部，有条件时戴上颈托；另外几人在伤病员的同一侧，双手分别从伤病员的肩背部、腰臀部、膝踝部伸到伤病员的对侧，几人同时用力，将脊柱保持呈中立位（一条直线上），平稳地将伤病员抬起，齐步一致前进。搬运过程中，动作要轻巧、敏捷、协调一致，避免震动，减少伤病员痛苦。需要长距离搬运脊柱骨折（或脊柱脱位）伤病员时，应按上述操作方法将伤病员搬起，然后放到硬板担架上搬运。

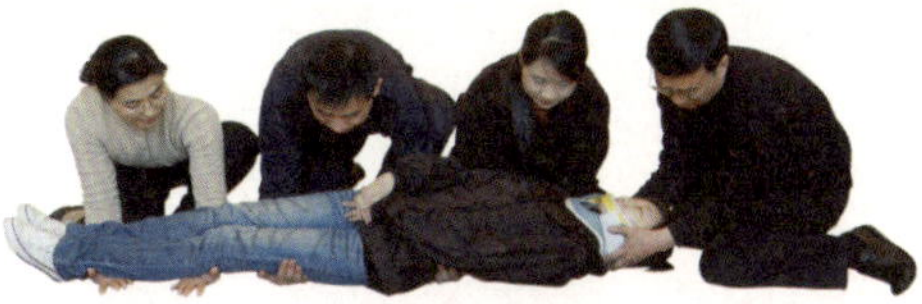
脊柱受伤搬运

2. 担架搬运法：对于搬运路途较长，病情较重的伤病员最为合适。除了规范的板式担架、铲式担架、四轮担架外，可根据现场情况制作其他材质的担架。

（1）帆布担架：帆布担架构造简单，由帆布一幅、木棒两根、横铁或横木两根、负带两根、扣带两根组成。

（2）绳索担架：临时制成，用木棒（或竹竿）两根、横木两根捆成长方形的担架状，然后绕以坚实的绳索即成。

提示

担架搬运的要领：由 3 ~ 4 人结成一组，将伤病员移上担架；伤病员头部向后，足部向前，这样后面抬担架的人，可以随时观察伤病员的变化；抬担架人步调要一致，平稳前进；向高处抬时（如过台阶、过桥、上桥），前面的人要放低，后面的人要抬高，以使伤病员保持水平状态；下台阶时，则相反。

进一步建议

需要远距离搬运伤病员时，护送者无论是伤病员家属，还是专业急救人员，都应注意以下几点：

1. 如现场条件允许，应先对伤病员做初步处理。
2. 搬运特殊部位损伤病员时，要注意伤病员的体位和搬运的方法。
3. 严密观察病情，注意伤病员意识、呼吸、脉搏、瞳孔、肤色及主要伤情的变化。
4. 处理危及生命的情况。在运送过程中，当出现危及伤病员生命的情况时，应立即抢救。例如，运送途中伤病员出现呼吸、心搏骤停，应立即进行心肺复苏。
5. 运送途中，如发现伤病员肢体包扎过紧，造成其肢体缺血，手指（足趾）发凉、变紫，应立即调整包扎的松紧。远距离搬运使用止血带的伤病员时，止血带要定时放松。
6. 转运伤病员，运送途中治疗、监护不要中断。

11 几种特殊创伤的现场处理

1. 肢体离断伤：先止血，再行包扎。离断的肢体用洁净的毛巾、布料包扎好，装入塑料袋内，再放到另一个装有冰块或冰糕的塑料袋内，或装入盛有冰块的大口保温桶内。

提示

切记不能将断肢直接放入水、冰和乙醇中，以免影响断肢（指）再植的成活率。离断的肢体一定要伴随伤病员一同转运。

2. 伤口异物：若异物（尖刀、钢筋、木棍等）扎入身体内部较深，不要拔出，因为拔出刺入较深的异物可能引起大出血、神经损伤或内脏损伤。在现场应保持异物在原位不动，给予包扎。将敷料剪一个洞，套过异物，置于伤口上，用绷带卷（或敷料卷）放到异物两侧，将异物固定，以防搬运时异物刺入身体更深，然后用绷带或三角巾包扎。

扎入异物的伤口的包扎

3. 开放性气胸：是危及伤病员生命的严重创伤，空气由伤口出入，压迫伤侧肺脏，引起极度呼吸困难，纵隔随呼吸左右摆动，伤病员出现休克。应立即用塑料袋和厚敷料块盖住伤口，使开放性气胸变成闭合性气胸，再用三角巾侧胸加压包扎，或用宽布带绕胸加压包扎。

4. 腹部内脏脱出：现场急救时，应立即用保鲜膜或大块敷料覆盖在脱出物上，用三角巾做成环形圈套在脱出物四周，然后用饭碗或茶缸将脱出物和环形圈一并扣住，最后用三角巾包扎腹部。不要将腹部内脏脱出物送回腹腔内，以免引起腹腔感染。搬运时用硬板担架，伤病员呈仰卧位，双下肢屈曲，用布条固定双膝关节。

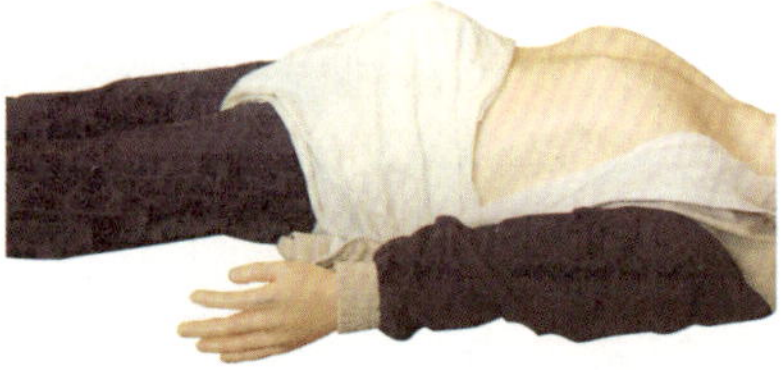

腹部内脏脱出的伤口的包扎

第二部分 意外伤害

在日常工作、生活中，有时候会突然发生意外，甚至会有生命危险。对于这些意外伤害，如果人们缺乏自救、互救意识和基本技能，恐怕只能等待医院急救人员的到来，这样往往会丧失事故发生后几分钟、十几分钟“救命的黄金时间”，造成无法挽回的损失。掌握一些基本的个人急救与互救的技能与办法，很有必要。

1 发生道路交通事故怎么办

道路交通事故是常见的灾难。万一出了交通事故，采取什么样的方法进行自我保护，是每个驾驶员和乘车人都必须掌握的。

提示

在人们参与公路交通的过程中，突然遭遇到一般道路交通事故的情况分为两类：一类是伤人，同时又发生车损的重大事故；另一类是只有车损的事故。

当发生人员死亡、受伤，同时又有车损的重大道路交通事故时，当事人应当保护现场，并一定要及时拨打“110”报警和“120”急救；驾驶人必须在确保安全的原则下，立即组织车上人员疏散到安全地点，避免发生次生事故。驾驶人已因道路交通事故死亡或者受伤无法行动时，车上其他人员应当自行组织疏散。然后，还应该把案情及时报告保险公司。

若发生了只有车损的事故，相对而言就简单一些了：在保护事故现场的同时，迅速报警并通知保险公司，让他们到现场进行勘查，为日后认定责任提供方便。

交警在双方认可签字后，出具道路交通事故责任认定书。双方可协商解决，也可走法律程序，到法院诉讼。

无论你是车方，还是受害者，都一定要及时拨打报警电话、急救中心电话和保险公司电话，任何事故发生后这都是第一件要做的事情。

专家提示

遇到交通事故造成人员受伤，立即拨打“122”报警；发现有人受伤较重时，还要及时呼叫救护车。

如果发现肇事车辆逃逸，要记住肇事车辆的车牌号码，向交警报告。

进一步建议

开车出行时要严格遵守交通法规，饮酒后不开车，不疲劳驾驶，不超速行驶，在开车时不使用手机，礼让其他车辆、非机动车和行人。

- 开车时要系好安全带。如有儿童乘车应做好安全防护，最好准备儿童安全椅。驾驶或乘坐摩托车必须戴安全头盔。
- 骑车和步行时都要注意来往车辆，遵守交通规则，不抢红灯，不与机动车争道抢行，不翻越交通护栏。
- 横过马路要按信号灯指示，走人行横道或过街天桥、地下通道。
- 不在马路上追逐打闹，不骑车带人或骑车互相追赶。

2 烧烫伤的处理

烧烫伤是生活中常见的意外伤害，沸水、滚粥、热油、热蒸汽的烧烫是常会发生的事。对某些烧烫伤，如果处理及时，就不会导致不良的后果。

提示

烧伤的急救原则是迅速脱离火源或其他致伤源，保护创面，尽快转诊。

烧伤后的处理应根据不同的情况采用不同的办法。

自己怎么做

1. 火焰烧伤应迅速离开火源，当身上着火时可用水将火浇灭，也可脱去着火的衣服，或就地打滚将火压灭；切勿奔跑，以免火借风势越烧越旺从而加重烧伤，也不要用手扑火以免继发手烧伤。在密闭的火灾现场，尽量用湿布或湿毛巾捂住口鼻，以防吸入高温烟雾致呼吸道烧伤。

2. 被蒸汽或热的液体烫伤时，立即将烫伤部位的衣物去掉，可避免烫伤加重，同时可用冷水长时间冲淋。

3. 电烧伤者应立即切断电源。

4. 各种化学烧伤（酸碱烧伤除外）可尽快用水冲洗，有助于减轻损伤。

专家提示

被烧伤的创面要用清洁的被单或衣服简单包扎，注意不要将创面上的水疱弄破，也不要在创面上涂抹任何治疗烧伤的药品，避免影响对深度的判断。大面积烧伤的患者只能给其喝淡盐水而不能大量喝淡水，否则会加剧水肿，出现低钠血症等并发症。因爆炸燃烧事故受伤的伤员，创面污染严重时，无需强行清除创面上的衣物碎片和污物，简单包扎后立即送往医院治疗。对于心跳、呼吸停止者，要首先给予心肺复苏治疗；合并四肢大出血者必须先止血；伴有骨折的给予固定。

进一步建议

创面水疱的处理：对于未破溃的水疱应予保护，避免破溃，到医院后在无菌条件下可采取抽吸的方法以保持水疱皮肤的完整，使其紧贴创面，待愈合后去除，这样做有利于再生创面的修复。

3 强酸强碱伤害后的处理

对于酸碱烧伤应立即脱离接触致伤物，然后进行伤后紧急处理。

> 提示
>
> 皮肤化学性烧伤急救要点：
>
> 1. 立即用大量清水反复冲洗。
>
> 2. 切忌不加处理急急忙忙送医院。

强酸烧伤

常见的强酸，如硫酸、盐酸、王水、高氯酸，因其浓度、溶液质量多少及皮肤接触面积的不同而造成轻重不同的烧伤。近几年常有用强酸恶性毁容的事件发生。

强酸烧伤：立即用大量清水反复冲洗皮肤上的强酸（但是有一些油状的酸，如浓硫酸要先用布吸干，直接冲洗会增大受伤面积），冲洗得越早、越干净、越彻底越好，哪怕残留一点也会使烧伤越来越重。冲洗时不要顾虑患者疼痛加重，要鼓励患者忍耐着，直到冲洗干净为止。

冲洗干净后，用清洁纱布轻轻覆盖创面，然后送往医院处理。

注意：切忌不经冲洗就急急忙忙地将患者送往医院。

强碱烧伤

常见的强碱有氢氧化钠（苛性钠），氢氧化钾（苛性钾）等。

强碱对人体的皮肤组织的损害力比强酸更严重，因为强碱可渗透组织，使组织蛋白发生溶解。

强碱烧伤：立即用大量清水反复冲洗，至少 20 分钟；碱性化学烧伤也可用食醋来清洗，以中和皮肤上的碱液。

生石灰烧伤：应先用手绢、毛巾揩净皮肤上的生石灰颗粒，再用大量清水冲洗。切忌先用水洗，因为生石灰遇水会发生化学反应，产生大量热量灼伤皮肤。

4 触电后怎么办

如果遇到触电情况，要沉着冷静、迅速果断地采取应急措施。针对不同的伤情，采取相应的急救方法，争分夺秒地抢救，直到医护人员到来。

> **警示**
> 触电的急救方针概括起来为四句话八个字。八个字是：迅速、就地、准确、坚持。四句话指：迅速脱离电源；就地进行抢救；急救技术动作准确；只要有1% 的希望就要坚持抢救。

脱离电源

1. 如开关箱在附近，可立即拉下闸刀或拔掉插头，断开电源。

2. 如距离闸刀较远，应迅速用绝缘良好的电工钳或有干燥木柄的利器（刀、斧、锹等）砍断电线；或用干燥的木棒、竹竿、硬塑料管等物迅速将电线拨离触电者。

3. 若现场无任何合适的绝缘物可利用时，救护人员亦可用几层干燥的衣服将手包裹好，站在干燥的木板上，拉住触电者的衣服使其脱离电源。

4. 对高压触电，应立即通知有关部门停电，或迅速拉下开关，或由有经验的人采取特殊措施切断电源。

对症救治

对于触电者，可按以下三种情况分别处理。

1. 对触电后神志清醒者，要有专人照顾、观察，情况稳定后，方可正常活动；对轻度昏迷或呼吸微弱者，可针刺或掐人中、十宣、涌泉等穴位，并送医院救治。

2. 对触电后无呼吸但心脏有跳动者，应立即采用口对口人工呼吸；对有呼吸但心脏停止跳动者，则应立刻用胸外心脏按压法进行抢救。

3. 如触电者心跳和呼吸都已停止，则须同时采取人工呼吸和胸外心脏按压等措施进行抢救。

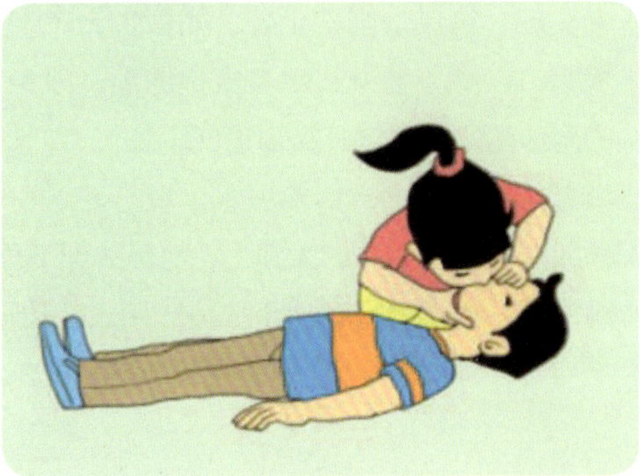

5 溺水怎么办

失足落水跟自己下水游泳是不一样的，有些自己会游泳的人，在落水后也会因惊慌而送命。所以，在落水后一定要保持镇静，均匀呼吸。如果水很冷，游泳或踩水时的动作应均匀缓慢一些，以降低自己身体热量的消耗。

警示

刚落水时，一定不要惊慌，先屏住呼吸试着站起，因为很多河流都不是很深，只是由于人们紧张才感觉很深而已。

失足落水怎么办

失足落水，如果水较深，无法站起，就要一边踩水，一边看看身边有没有漂浮的物体可以抓住。如果会游泳，就游向最近而且又容易登陆的岸边。如果是流动的河水，就顺水游向下游的岸边。如果不会游泳，要马上高声呼救，但不要狂呼乱叫，那样会浪费气力。当有人游来相救时，要注意与他合作，尽量放松一些，不要过紧地搂抱救援者。

简易踩水法能使头部浮在水面上。其方法是：双脚像骑自行车一样地踏脚。同时用双手向下划或水平压水划圆圈。双脚也可在水下打水或像青蛙一样蹬腿。

溺水怎么急救

对溺水者的抢救，必须争分夺秒。溺水救护者要镇静，尽快拨打“120”急救电话，尽量脱去外衣、鞋等，迅速游到溺水者附近，从后面靠近落水者，并从后面双手托住落水者头部，将其带至安全处。如救护者不习水性，可带救生圈、救生衣或塑料泡沫板、木板等，注意不要被溺水者紧抱缠身，以免累及自身。溺水者被救起后应立即清除口鼻中的泥沙污物，保持呼吸道通畅。如尚有心搏、呼吸，可使溺水者俯卧，低头，腹垫高，压其背部，排出肺、胃内积水。其方法是：救生者一腿跪地，另一腿屈膝，将溺水者腹部横放在救护者屈膝的大腿上，使其头部下垂，再压其背部，使胃及肺内水倒出。如呼吸、心跳停止，立即进行胸外心脏按压和人工呼吸，如口对口呼吸、吸氧等。

6 怎样防盗

盗窃，是指一种以非法占有为目的，秘密窃取国家、集体或他人财物的行为，是一种最常见的并为人民群众深恶痛绝的违法犯罪行为。盗窃案在学校发生的各类案件中是最多的。

提示

遇到可疑人员，同学们应主动上前询问，如果来人确有正当理由一般都能说清楚。当来人说不出正当理由又说不清学校的基本情况，疑点较多时则需要进一步盘问，必要时还可以请他出示身份证、学生证、工作证等身份证明。

街头防盗

若是骑车出行，到达目的地后最好将自行车存放到存车处，没有条件的可放置在室外，但要使用U形锁与地龙等防盗设施固定。若是自驾车出行，不要将贵重物品放置在汽车内，应将汽车置放停车场。另外，现在出现一种专门针对司机的抢夺案件。作案人往往有好几名，而且各有分工，他们趁机动车在十字路口等待绿灯或是停靠路边等候之机，一人敲车窗，以告知发生事情为由吸引司机注意力，另一人则迅速打开放有手包等财物一侧的车门实施抢夺。针对这类案件最好的防范方法是在路口停车或是路边停靠时，将所有车门锁死。

专家提示

外出时，如果宿舍或家中无人，首先应该将门窗全部锁好，做好安全防护。另外，家中无人时，不要将现金和金银首饰等贵重物品放在宿舍或家中。同学间可以互相照顾，遇到可疑情况应该及时报警。

春运防盗

上车谨防浑水摸鱼。在检票和上车时，人群一般比较拥挤，最好把背包挂在胸前，这样会给窃贼下手增加不小的难度。

放置行李要防“上架子”。在安放行李时，应放在自己斜上方的架子上，视线能及，便于随时看管。

单独出行尽量少休息。火车行驶时，尤其是中午一两点钟及午夜12时到次日清晨6时这段时间，是窃贼下手的最佳时间。如果是单独出行尤其是在硬座车厢时尽量不要在车上睡觉，有同伴则可以轮流休息。

谈话中要防“上托儿”。窃贼下手时往往要分散乘客的注意力，通常的手段是“上托儿”，即找各种借口与乘客搭讪，同伙伺机下手。所以，出门时对陌生人要多留个心眼儿。

7 怎样防骗

由于大学生社会经验相对不足，处理问题还略显稚嫩，容易受到外在事物的诱惑，上当受骗。目前，社会上的骗子行骗手段可谓五花八门，且越来越高明，如何提高警惕，避免上当受骗，对大学生来说越来越重要。

警示

对于陌生人的花言巧语，不要轻易相信。要注意自己的个人信息安全，不要随意告知陌生人自己的姓名及个人情况，不要随意告诉任何人（特别是素不相识的人）自己家中的电话号码、手机号码和其他联系方式。

对于手机上发来的中奖短信，最好的办法就是不予理睬。有些骗子为了牟取利益，用上门推销的手段蒙蔽他人，所以不要轻易购买上门推销的物品，如签字笔、笔记本、相册、钢笔等文具，以及洗发水、运动鞋或笔记本电脑等物品，以防骗子以卖伪劣产品等方式进行诈骗。

对那些冒充物品丢失需要帮助向你借用手机的陌生人要保持警惕，不要随便将手机借出，更不能借给其银行卡，接受所谓的汇款，防止上当受骗。如有人拿外币向你兑换，应不要理睬，因为犯罪分子可能是用低值外币（如越南币、秘鲁币）冒充高值外币，或用假的外币来向你兑换人民币。而且，私下倒卖外币是违法的，兑换外币应去银行办理。同学们应对此提高警惕，遇到这些情况时，应当不予理睬，以免上当。

进一步建议

外出时，对于借口问路搭讪的人，最好不要搭理。在公交车或火车上，骗子会找人聊天、拉家常，骗人食用含有迷药的食物，进而骗取钱财。因此，不论何时何地，都不要随便吃陌生人递来的食物，如糖、水果、面包等，再渴也不要喝陌生人递来的饮料，以免被人下药迷惑。对于街头出现的易拉罐中奖、掉钱包等，更不要关注，以免上当受骗。

专家提示

在列车上，旅客偶遇“老乡”“同学”，自然无话不说。然而，也许你已不知不觉进入了骗子的圈套。

骗术一：在家的亲人收到你在列车上遇到意外的消息。

解决办法：收到信息的家人千万要冷静，不要急于汇款。应及时与铁路客运部门或铁路公安机关联系，避免上当；一旦上当受骗，应及时向公安机关报案。

骗术二：成为朋友后，对方请客吃东西。

解决办法：婉言拒绝陌生人提供的香烟、饮料和食品。

8 怎样防抢

步入大学，不少学生已具备了一定的自我防卫能力，但是在突然遭遇抢劫时，还是缺乏“实战经验”，茫然不知所措。下面就为大家支几招。

提示

平时外出可以多找几个同学一起，以便相互照应；遇到可疑人物，尽量避开，不要随便和陌生人搭话；远离网吧、迪厅、游戏厅等容易发生滋扰的公共场所。

冷静对待，仔细观察

遇到抢匪，一定要沉着冷静，不能乱了阵脚。如果抢匪人多势众，可假意接受抢匪要求，以免受到人身伤害。如果发现抢匪和自己力量相当，要拿出勇气与之较量，对其不合理要求严词拒绝，并与其周旋；如果一味妥协，则会显得非常软弱，这样只会让抢匪更加肆无忌惮。在与抢匪周旋的过程中，要注意观察抢匪的相貌（如脸型方圆、眼睛大小、脸上有无黑痣等）、衣着特征、形体特征、声音等，以便在报警时为警察提供有效的线索。

机智周旋，巧妙脱身

如果一时无法脱身，看到有人路过，可假装遇到亲人，大声喊“二叔”“三婶”等，以引起路人注意而获救，或使抢匪紧张而逃窜。此外，要注意观察周围的地形和行人，在确保人身安全的基础上，找准机会向路人大声呼救或逃脱。如抢匪追赶，可将书包或值钱的物品远远抛至相反方向，引诱抢匪捡拾，为自己逃脱争取时间。记住：逃脱的时候一定要向着人多的地方或有光亮的地方，而不要往小巷子或黑暗处等行人稀少的地方跑。

进一步建议

脱身后记得及时拨打“110”报警！

9 怎样防范性侵害

性侵害是指加害者以权威、暴力、金钱或甜言蜜语，引诱胁迫他人与其发生性关系，并在性方面造成对受害人的伤害的行为。大学生受到的性侵害可能来自社会人员、熟人（包括同学、朋友、亲戚甚至家庭成员）等。

提示

性侵害的目的有多种，或在抢劫钱财时突发意念，或因具体的时空环境引发邪念，或为寻求刺激和新鲜感，等等。因此，在遭遇性侵害时，应首先初步判断加害人的动机，进而采取相应的策略。

如果在路上或外出游玩时遭遇性侵害，首先要判断歹徒的动机，这一点可以从其年龄、着装等入手；如果钱财可以化解危机，应毫不犹豫地将随身携带的钱物扔给歹徒，为自己赢得逃脱机会。若此招不奏效，也不能丧失信心，要冷静观察周围的环境，如果有行人路过，而且地形易于脱身，可大声呼救；如果周围行人稀少，远离大路，不易脱身，一定不能惊慌失措、大喊大叫，以免歹徒不择手段而威胁自己的生命。

当然，不易脱身时也不能一味顺从，应积极反击。根据具体情况看，可用膝部、肘部或脚，猛击歹徒的阴部或面部，或用手扯打歹徒的生殖器等。如周围有石块、沙土、木棒、酒瓶或砖头等，可用来袭击歹徒。当歹徒贴近自己时，还可用手指抠其眼睛，用钢笔、发夹等尖锐物品扎其眼睛，或咬其手臂等，对其造成伤害而迫使其停止侵害。

专家提示

熟人实施性侵害在性侵害案件中所占的比例相当大。对于熟人作案，可用对付陌生人的方法，还可增加心理战术，用亲情、友情感化对方，同时要严肃警告对方后果的严重性，使其悬崖勒马，及早放弃侵害念头。

在与歹徒搏斗过程中，一定不要忘了记住歹徒的相貌特征，并注意留下证据，如歹徒的毛发、精斑等，为以后公安机关破案提供线索。

进一步建议

夏季的夜晚是性侵害事件的高发期。尽量不要在外面逗留太晚，如有需要，应多找几个同学一块儿，或让父母来接。穿着不能过于短、瘦、露、透，以免惹祸上身。

过去，性侵害案件容易发生在青纱帐、荒郊野外、废弃的工厂、破桥底下等地方；而现在，教室里、温馨的旅馆、歌厅中，甚至自己的卧室中，都有可能发生性侵害事件。因此，一个人时一定要提高警惕，不要独自到偏僻的地方去，不要贪图近而走行人稀少的小路，外出游玩时也不要独自一人到人迹罕至的地方；与异性单独相处的时间最好不要超过 20 分钟，尤其是在室内；慎与网友见面，更不要与异性在旅馆等处约会。

随身携带防狼喷雾、水果刀等防身用具，以备不时之需。

受到性侵害后，一定要报警，不可助长歹徒的气焰。

10 核泄漏及核辐射

核泄漏，即核能外泄，又称为核熔毁。核能外泄所发出的核能辐射虽远比核武器威力与范围小，但是同样能造成一定程度的生物伤亡。核泄漏对人的影响一般表现在核辐射上。

警示

放射性物质可通过呼吸吸入，皮肤伤口及消化道吸收进入体内，引起内辐射。γ 辐射可穿透一定距离被机体吸收，使人受到外照射伤害。

一旦出现核泄漏事件，公众必须做的第一件事是获取尽可能多的而且是可信的信息，并了解政府部门的决定、通知。为此，应通过各种手段（电视、广播、电话等）保持与当地政府的信息沟通，不可轻信谣言或小道信息。第二件事是按照当地政府的通知，迅速采取必要的自我防护措施。

1. 选用就近的建筑物进行隐蔽，减少直接的外照射和污染空气的吸入。关闭门窗和通风设备（包括空调、风扇），当污染的空气过去后，迅速打开门窗和通风装置。

2. 根据当地政府的安排，有组织、有秩序地撤离现场。

3. 当空气被放射性物质污染时，用简易方法（如用手帕、毛巾、布料等捂住口鼻）可使吸入放射性物质的剂量减少约 90%。

4. 服碘保护。如果在摄入放射性碘以前 6 小时内口服稳定碘的话，所提供的防护几乎是完全的；如果在摄入放射性碘的同时服用稳定碘，防护效率约 90%。对成年人，服用稳定碘的推荐量为 100 mg 碘（最普通的如 130 mg 碘化钾或 170 mg 碘酸钾）；对儿童和婴儿则推荐较小的量。

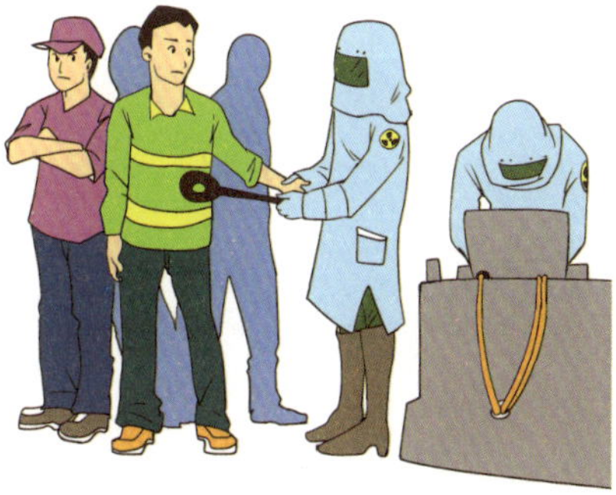

5. 若怀疑身体表面有放射性污染，可采用洗澡和更换衣服来减少放射形成的污染。用水淋浴，并将受污染的衣服、鞋、帽等脱下存放起来，直到以后有时间再进行监测或处理。

进一步建议

听从当地主管部门的安排，决定是否需要控制使用当地的食品和饮水。受污染的食品可采取加工、洗涤、去皮等方法去污，也可在低温下保存，使短寿命的放射性核素自行衰变，以达到可食用的水平。对受污染的水，可用混凝、沉淀、过滤及离子交换等方法消除污染。

第三部分 校园安全

校园是大学生的又一个家。校园内学习和生活的安全是大学生自我发展的基础，不安全就谈不上发展。由于大学生往往刚刚离开家庭，开始集体生活，安全意识相对较弱，自我保护能力有待提高，安全知识有待增加。再加上有的学校安全投入不足，监管机制不够健全，校园中还存在不少安全隐患，很多不安全的因素也呈上升趋势，这些必须引起我们的高度重视。

1 军训中要注意安全

军训是新生的第一堂课，也将是令广大新生难忘和骄傲的一段经历。每一个大学生入学最先经历的事就是军训，在军训中良好的表现不仅可以给教官、老师、同学留下一个好印象，而且还可以锻炼自己的意志和毅力。

提示

高校学生军训，必须实行“三统一”，即着装统一，佩徽标志统一（领花、帽徽、肩牌、臂章）、证书统一。

学生军训守则

学生在军训期间，要严格要求自己，自觉接受军队化管理，虚心学习部队的好思想、好作风、好传统。学生军训守则如下。

1. 服从领导，一切行动听指挥。

2. 勇敢顽强，吃苦耐劳，积极参加军政训练，不断提高军政素质。

3. 执行军队条令条例、规章制度，服从管理、严守纪律。

4. 认真执行各项勤务，尽职尽责，坚守岗位。

5. 艰苦奋斗，勤俭节约，爱护公物。不丢失损坏装备器材，不在建筑物和各种设施上涂写刻划。

6. 讲文明礼貌，尊重领导、老师和教练员，团结互助，爱护集体荣誉。

7. 严格遵守保密守则和安全规定，防止各种事故。

专家提示

军训注意防晒，出门前半小时就要涂防晒霜，它也需要时间吸收。防晒霜要随身带，一般是两小时就要涂一次。正确的步骤是先用吸油面纸擦干净脸，再涂防晒霜，不过军训出汗很多，只要教官让你休息你就涂；含有防护 UVA 功能的及带有 PA 字样的防晒霜比较好。

进一步建议

1. 做好准备工作。出门前要认真检查军训服装，如军帽、帽徽、腰带等。

2. 装束一定要合适。迷彩服里最好加一件吸汗性好的棉制背心，否则你的迷彩服很快会晒出盐。腰带要适当紧一点，走起路来会更有精神劲儿。袜子最好穿棉制运动袜，鞋子里面再垫一块软鞋垫，这样脚后跟会舒服一点。

3. 注意补充水分。以运动饮料和茶水、盐水最佳，不要拼命喝白开水或矿泉水。

4. 注意补充营养。军训后体力消耗极大，这个时候不要亏待自己，多吃一些肉类、蛋类，最好还多喝点汤，同时注意补充各种维生素。

5. 注意防病。大雨或大汗淋漓后不要急于喝水，应该稍微休息片刻再补充水分，以免给肠胃突然加重负担，造成伤害。全身大汗淋漓后，不能马上冲凉水澡，以免全身毛孔迅速闭合，体内热量不能散发而滞留体内，引起高热。

6. 谨防中暑。

2 实验室事故安全预防及应急

实验室是科学的摇篮，是科学研究的基地。如今很多大学的实验室都是老师与研究生日常工作的场所。实验室安全关乎师生人身安全和国家科研仪器设备安全。

警示

实验前应充分做好准备：熟悉实验内容，掌握实验步骤；检查设备安全性，发现故障及时报告。

案例

2011 年，某高校一栋修建于 1960 年的理学楼四楼（顶楼）发生火灾。由于楼房屋顶为纯木质结构，火势蔓延迅速。据现场围观者反映，当时有学生在做实验，不小心引发了火灾。

如何防止实验室火灾

1. 了解实验室灭火器材的种类、存放位置和使用方法，熟悉实验室安全通道。

2. 进行实验时，严格按实验规程操作，服从实验指导老师的指导。

3. 严禁在实验室内吸烟。

4. 使用酒精灯时，不能用一盏去点燃另一盏，不能用嘴吹灭，不能向燃着的酒精灯中添加酒精，酒精不能超过容积的 2/3。

5. 注意实验电器的正确使用和保管，防止短路。

6. 如果在实验室因为用电不当而发生火灾，要立即切断电源，移走可燃物，不能用水或泡沫灭火器等灭火，可能会引起触电，要用四氯化碳、二氧化碳或沙土等灭火。

7. 详细掌握所处实验室内药品的化学特性，严禁将化学性质相抵触的药品混放。

预防实验室中毒

实验课引起中毒的原因主要有违反操作规程、管理不善、通风不畅、未按规定穿防护服装及未戴防毒面具等。所以，为预防实验室中毒，我们要做到以下几点。

1. 使用剧毒物品时要严格遵守规定，不得有任何差错。

2. 对剧毒物品要做到双人保管、双锁、双账、双人领取、双人使用的“五双”制度。

3. 剧毒物品只能在规定房间内使用，并要严格执行该房间的出入制度。

4. 必须在教师的带领下使用剧毒物品。

5. 剧毒物品使用完后，废弃物要妥善保管，不得随意丢弃、掩埋或水冲，应上交学校统一处理。

3 运动损伤怎么办

运动损伤就是运动过程中发生的各种损伤。其损伤部位与运动项目以及专项技术特点有关。如体操运动员受伤部位多是腕、肩及腰部，与体操动作中的支撑、转肩、跳跃、翻腾等技术有关。

提示

运动损伤时，应该尽快停止运动，立刻休息，并对受伤的部位进行冷敷，压迫并抬高受伤的部位。

案例

2011 年，某校学生小敏在上体育课训练 100 米栏项目时，摔伤了右膝盖。下课时，小敏到学校医务室检查并做了一些常规处理，但第二天，小敏的右膝盖痛得更厉害了，在当地多家医院治疗无果后，当年 11 月 24 日，小敏被送到上海的医院进行检查治疗，并住院接受了手术。后经司法鉴定，小敏的伤势构成十级伤残。

专家提示

运动损伤的主要原因：训练水平不高，身体素质差，动作不正确，缺乏自我保护能力；运动前不做准备活动或准备活动不充分，身体状态不佳，缺乏适应环境的训练，以及教学、竞赛工作组织不当。运动损伤中急性多于慢性，急性损伤治疗不当、不及时或过早参加训练等原因可转化为慢性损伤。

如何处理运动损伤

1. 扭伤及挫伤的处理方法：可以立即冷敷。冷敷的具体操作方法是用毛巾沾冷水拧干后盖在伤处，也可以用冷水淋洗伤部。冷敷可以每隔 3 ~ 4 小时做一次，每次 5 ~ 8 分钟。

2. 擦伤的处理方法： 擦伤是指身体的裸露部分与地面、墙壁或其他物体猛烈摩擦产生的伤害。处理方法是先止血，由于血有自行凝结的能力，所以轻度擦伤时的渗出性出血在数分钟内即可自行停止。重度的范围大的擦伤，出血量大，要立即送医院抢救，在送医院途中要设法止血或减少出血量。

3. 骨折的处理方法：骨折是骨的完整性和连续性中断。正确的急救步骤是：首先除去压在伤者身上或阻碍搬移伤者的障碍物，然后把伤者放平，固定伤肢，保暖，在移动伤者时动作要缓慢轻柔。然后迅速送医院处理。切忌盲目翻动伤者的身体，以避免断骨伤及肌肉、神经、血管等。

4. 鼻出血的处理方法：鼻部受到外力打击，鼻内的血管破裂，可能发生相当严重的鼻出血。鼻出血的患者可暂时用口呼吸，同时头要向后仰，在鼻部放置冷水毛巾。如果出血不止，可用凡士林纱布卷塞入出血的鼻腔内。

5. 脱臼的处理方法：这是体育活动中较常见的损伤。平常我们在游戏中也不要用力猛拉其他学生的手、臂，以免造成伤害。如果发生脱臼，可以先进行冷敷，扎上绷带，保持受伤关节固定不动，然后送医院进行复位治疗。

4 集体生活要有安全意识

宿舍虽说是学校提供给学生的住宿场所，但宿舍安全不能仅仅依靠学校一方来防范，学生必须主动、自觉地提高安全意识。大学生入校时应该认真学习，了解学校的各项规章制度，并注意学习一些有关的法律知识，增强法制意识。

警示

住校学生应认真了解宿舍的结构和设施装备，熟悉安全通道出口，掌握基本的灭火和逃生知识，防患于未然。

我们要做到

1. 真正从思想上认识到危险时刻伴随着自己，积极参加学校的安全教育活动，掌握安全防范知识。

2. 自觉遵守学校的规章制度，在宿舍内不使用大功率及违禁电器，不购买和使用“三无”（无中文标志、无厂名、无厂址）产品和劣质电器；不私拉乱接电线，离开宿舍前切断所有电源，拔掉所有电源插头，切实做到“人走关灯，关电源”；不在宿舍点蜡烛、蚊香，不乱丢烟头，不焚烧物品、纸张等；不在宿舍内或阳台堆放易燃易爆等危险物品。

3. 主动配合学校的安全检查，经常进行自查，积极举报各种违章行为和安全隐患。

4. 禁止陌生人随意出入本宿舍，保管好自己的财物。

5. 发现存在安全隐患的任何情况，及时向辅导员或上级领导报告。

6. 和睦友善，避免与同学发生矛盾纠纷，一旦发生矛盾，要冷静处理，用语要文明，要有忍让精神。

进一步建议

女生宿舍要更加注意日常安全。

1. 经常检查门窗，一旦有损坏，及时报告学校有关部门修理。

2. 就寝前关好门窗，如有人敲门，问清是谁再开门；如发现有人想捅门、撬门进来，要大声呼救，并做好齐心协力反抗的准备。

3. 夜里上厕所时要格外小心，确认是否有危险。

专家提示

宿舍中有哪些安全隐患

1. 消防安全隐患。大功率及违禁电器的使用，随意使用明火，私拉乱接电源线等。

2. 财产安全隐患。大学校园里发生最多的案件是学生财产受侵害的案件，主要表现为诈骗、盗窃、抢劫等。

3. 人身安全隐患。如打架斗殴、饮食不卫生、疾病等。为了保证学生的安全，宿舍都规定有严格的熄灯、落锁时间，但仍有学生抵挡不了校园以外环境的诱惑，晚归或夜不归宿，这对学生的人身安全造成了极大威胁。学生们不注意饮食和个人卫生，也极大地增加了病菌传播的可能性。

5 实习期间的生产生活安全

为确保学生实习期间的人身、财产安全，创造良好的实习氛围，圆满完成实习任务，学院一般会与实习学生签订实习安全责任书。作为学生本人，应严格遵守各项实习纪律，避免发生危险。

提示

在校期间要努力学习理论知识，提高实践技能，为安全实习打好坚实的基础，才能在实习中预防安全事故的发生。

案例

2004 年某高校学生在金工实习中进行金属成型加工，随意脚踩开关，结果造成左手小指被剪板机剪断。2006 年，山西某高校学生王某在实习期间由于操作不当，发生剧烈爆炸，王某当场休克，后被送往医院抢救，经鉴定，全身 55% 的面积烧伤。

实习工作中如何避免发生事故

1. 认真学习实习设备的操作方法，对不会操作的设备不要擅自使用。学习安全操作是实习的第一课，也是指导教师需要反复强调的内容。在实习期间，要努力运用在校所学技能，加强技能训练，提升操作水平，熟练掌握操作规程与操作顺序，做到心中有数。养成良好的操作习惯，杜绝违章作业和不良的工作习惯。

2. 提高安全意识，严格遵守操作规程。安全是实习中的第一要务，要牢固树立安全的意识，实习开始前，了解各种安全隐患和可能出现的安全问题，培养自己紧急应对和安全自救的能力。

3. 严格按要求着装和穿戴防护用品。

进一步建议

学生实习单位的联系一般采用指导教师集中联系和学生自主联系相结合的方式进行。学生自己联系实习单位的，应首先向实习指导教师申请，联系好实习单位后提交实习单位接收函。实习开始后，要将自己的实习单位名称、地址、联系方式、食宿安排、交通安排等情况报告实习指导教师，并同时报告家长，征得家长同意。

实习期注意日常生活安全

1. 实习途中注意自己的财产安全，提高警惕，发现有人行窃要勇敢机智地取得群众和工作人员的帮助。预防交通事故。

2. 休息时间出游，不得前往地势险峻或安全措施不到位的地方，要自觉远离危险区域。不去或少去偏僻的地方游玩，特别是单身外出时不带或少带贵重物品，如果出现人身或财物安全问题，要冷静，慎重行事，并在第一时间向“110”报警，尽量避免受到人身伤害，减少财物的损失。

3. 不要参加可能接触易燃、易爆、剧毒及放射性物质等对人身健康有害的活动。

6 如何识别非法就业陷阱

就业陷阱，是指所将从事的工作内容，并不是雇主与求职者双方在书面上或原先口头上承诺的内容要件，或者是以工作机会为诱因，违背你个人的意愿，用骗术使你付出不在原定劳动契约内容的额外财务支出，或是从事违背善良及道德的活动。

警示

犯罪分子常通过互联网或其他媒体刊登诱人招聘广告，诱得求职者个人信息进行非法活动，如直接盗用账户、冒名高额透支甚至专门做倒卖个人隐私的交易。

案例

张小姐在一家职业中介的信息栏上看到招聘文员的启事，便前去咨询。该中介要求交纳 100 元中介费用，并承诺不断推荐岗位，直到找到工作为止。可张小姐面试了几家所谓的公司后该中介就再无音信了。

就业中要提高警惕，识别陷阱

1. 警惕传销陷阱。不要轻信不切实际的宣传和同学朋友的极力推荐。杜绝不劳而获的思想，不受利益诱惑，绝不能从事非法活动。

2. 拒绝交纳任何形式的费用。很多诈骗团伙打着招聘的幌子，以收取“报名费”“保证金”“培训费”等方式进行诈骗，这些收费都是违反国家规定的，正规单位招聘是不会收取任何费用的，所以在求职过程中应拒绝交纳各种名义的费用。

3. 注意保护个人信息。求职过程中，毕业生往往需要填写一些涉及个人信息的表格，特别是网上求职，要求填写的内容往往事无巨细，有些犯罪分子就利用这些信息，谎称学生出事或急需费用，骗取家人钱财。所以要随时注意保护个人信息，不填写来历不明的招聘表格。

进一步建议

在就业过程中，毕业生特别是女性毕业生，还可能遇到危及人身安全的事件，更要特别警惕。曾有某大学女性毕业生在未核实对方身份的情况下只身应聘家教，结果遇害；也有的女性毕业生遇到打着公关旗号的色情服务工作。因此，无论就业压力有多大，也还是要时刻谨记安全第一的原则。

专家提示

各种就业陷阱

1. 非法劳务中介招聘诈骗。方法：以推荐职位作为诱饵，通过收取报名费、服务费、培训费等方式骗钱。

2. 小广告招聘诈骗。方法：编造公司名称，张贴招聘启事，收取一定服务费后找种种借口敷衍。

3. 假公司招聘诈骗。冒用其他单位名称，在繁华复杂地段租赁临时办公地点，骗受害人交纳报名费后携款逃跑。

4. 网络、短信招聘诈骗。编织美丽的招聘陷阱，以网络、短信的形式发布供职信息，诱骗求职者上当。

5.熟人帮忙招工诈骗。骗子谎称与某单位领导是亲戚或朋友，可为求职者找工作，但疏通关系需花钱。

6. 非法传销。

7 远离非法传销组织

现在很多非法传销组织针对大学生就业压力大、社会经验少等弱点，诱骗大学生参加传销组织。我们一定要提高警惕，避免落入非法传销的陷阱。

提示

对主动联络大学生的招聘信息，同学们要谨慎行事，不可轻易相信任何来路不明的招聘信息，也不要轻易将个人信息随便告知他人。

了解非法传销组织的危害性

1. 严重扰乱市场经济秩序。传销浪费了大量社会人力资源，吸纳了大量社会资金，破坏了市场经济的健康和谐发展。

2. 扰乱社会治安秩序，严重影响群众的正常生活秩序和生命财产安全。传销引发了大量刑事案件以及扰乱社会治安秩序案件。同时，因传销引起的夫妻反目、父子成仇甚至家破人亡的惨剧时有发生， 给不少家庭造成巨大伤害，动摇社会稳定的基础。

3. 危害国家安全和政治稳定。传销组织者对参与人员反复“洗脑”，进行精神控制，唆使参与人员阻挠、对抗执法部门，围攻、打伤工商、公安执法人员的事件时有发生，对抗性日益加剧，而且不断引发群体性事件。

认清传销形式，坚决拒绝诱惑

非法传销最常用的手法就是与直销混为一谈。非法传销利用大学生缺乏社会经验、急功近利的弱点，美化创业的乐趣，多以成功学为诱饵，以帮助大学生增强自信心、提升适应社会能力为手段，将大学生引入歧途。所以大学生应杜绝不劳而获的思想，坚决拒绝任何形式的非法传销。

进一步建议

非法传销组织为诱骗前来应聘的大学生，都会收取大学生的证件和通信工具，控制其人身自由。大学生在应聘时要将详细的行程告知老师或亲友，不要将证件和通信工具交由他人保管。如果真的被非法传销组织控制也不要惊慌，不要莽撞地与对方发生冲突，应抓住机会报案。

专家提示

什么是非法传销组织？

组织者或经营者通过发展人员，要求被发展人员发展其他人员加入，对发展的人员以直接或者间接滚动发展人员的数量为依据，计算和给付报酬，包括物质和其他利益的。

组织者或经营者通过发展人员，要求被发展人员缴纳费用，或者以购买商品等方式变相缴纳费用，取得加入或者发展其他人员加入的资格，牟取非法利益的。

组织者或经营者通过发展人员，要求被发展人员发展其他人员加入，形成上下经营关系，并以下线的销售业绩为依据，计算和给付上线报酬，牟取非法利益的。

第四部分 突发事件

突发事件是由自然因素或人为因素造成的意外事故，如火灾、地震、洪涝灾害、爆炸事故等，带有很大的偶然性和突发性，有的突发事故只造成个体影响和危害，有的则可造成巨大经济损失，严重损害人体健康或造成大量人员伤亡。正确认识灾害事故发生及发展的规律，掌握尽可能多的避险救灾方法，能有效减少危害。

1 火灾

在社会生活中，火灾已成为威胁公共安全，危害人民群众生命财产的一种多发性灾害。据统计，全世界每天发生火灾1万起左右，死2000多人，伤3000～4000人，每年火灾造成的直接财产损失达10多亿元。尤其是造成几十人、几百人死亡的特大恶性火灾不断发生。掌握火灾的逃生方法至关重要。

警示

火灾中产生的一氧化碳在空气中的含量超过1.28%时，即可导致人在1～3分钟窒息死亡。同时，燃烧中产生的热空气被人吸入，会严重灼伤呼吸系统的软组织，严重的也可致人窒息死亡。

自己如何做

1. 处在陌生的环境时，为了自身安全，务必留心疏散通道、安全出口及楼梯方位等，以便关键时刻能尽快逃离现场。

2. 逃生行动是争分夺秒的行动。一旦听到火灾警报或意识到自己可能被烟火包围，千万不要迟疑，要立即跑出房间，设法脱险，切不可延误逃生良机。

3. 在家中被火围困时，要弯腰前行或匍匐前进，尽可能将身体贴近地面，因为烟雾易聚集于上方空间，这样可以避免或减少吸入有毒气体。

4. 如果居住在楼上，而该楼层离地不太高，可将床单、窗帘撕成条，连接在一起，固定在牢固物上，从窗户下降逃生。在确实无其他办法时，才可徒手抓住窗沿跳下。

5. 发生火灾时，切记不要乘坐电梯，因火灾发生后，紧接着就会断电，这时被困在电梯中，逃生的机会就大大减小了。从步梯或其他安全通道逃生时，一定要往下跑，因为火势是自下往上蔓延的。

6. 失火时，如携婴儿撤离，可用湿布蒙住婴儿的脸，用胳膊挟着，快跑或爬行而出。

专家提示

1. 当身上着火时，切不可带火奔跑，应设法把衣服脱掉，如果一时脱不掉，可把衣服撕破扔掉，也可卧倒在地上打滚，把身上的火苗压灭或想办法淋湿衣服或就近跳入水池。

2. 对于大面积燃烧的火场，虽然逃出了房间，但仍处在火势的包围之中，这时不要惊慌，退到较为安全的空地，选择上风方向奔跑逃生；尽量减少呼吸，并注意避免房屋倒塌砸伤自己。

3. 火场逃生时必须冷静、果断，以保全生命为原则，在此前提下方可抢救财物。

进一步建议

逃生的人员多数要经过充满浓烟的路线才能离开危险的区域。逃生时，毛巾用水浸湿后多叠几层，使滤烟面积增大，将口鼻捂严。穿越烟雾区时，即使感到呼吸困难，也不轻易将毛巾从口鼻上拿开。

2 地震

地震是指地球表层的震动，与刮风、下雨、闪电、山崩一样，是地球上经常发生的一种自然现象。

提示

地震灾害面积大，现场极其危险，可以引发火灾、海啸、毒气泄漏、细菌扩散、灾后瘟疫等，可造成巨大的人员伤亡和社会经济损失。

自己如何做

1. 在废墟下压埋较轻的人可以根据自己所处的具体情况，寻找自救脱险的可行方法，尽力自救，尽快脱险。

2. 受伤较重或暂时不能脱险者，首先在妨碍呼吸的部位扒开一定的小空间；不要乱喊乱动消耗体力，设法保护机体，等待救援。

3. 发现有人扒救时，可用喊或敲击物体的方法引起扒救人员的注意。

4. 尽可能开展自检、自救、互救，包扎伤口、止血，等待救援。

5. 听从政府统一指挥，积极参与抗震救灾。

6. 加强环境卫生和公共卫生，预防疫病流行。

专家提示

1. 地震过程要保持镇定，如有机会可迅速关闭电源、燃气，选择构架结实、能掩护身体、易于形成三角空间或空间小、有支撑的地方避震，躲避时应注意远离大镜子、玻璃窗及易掉落的悬挂物，不要靠近窗边或阳台。

2. 保护头部和脊柱，等待地震过去再迅速撤离到安全地方。

3. 要就近躲避，避开人流，不要拥挤，不要随便点明火。

4. 要避开山脚、陡崖和陡峭的山坡，尽快向空旷的地方转移。

进一步建议

在户外避震时，不要乱跑，不要随便返回室内，要就地选择开阔地蹲下或趴下；避开高大建筑物、危险高耸物、广告牌、街灯、物料堆放处及人多的地方；不要停留在天桥、立交桥上面和下方。

3 洪涝

水灾分为“洪”和“涝”两种。“洪”，指大雨、暴雨引起水道急流、山洪暴发、河水泛滥、淹没农田、毁坏环境与各种设施等。“涝”，指水过多或过于集中或返浆水过多造成的灾害。

警示

发生洪灾时要冷静沉着、果断应对，防止和延缓险情、灾情扩大，并及时拨通求救电话，说明事发的详细地点、险情程度、被困人数、联系电话、施救要求等，以便施救人员及时派人派车携带器材实施紧急援救。

如何应对洪涝灾害

1. 发现征兆或已经发生灾害时，尽快将消息传递出去，引起政府重视，以利控制灾害的发展和获得救援。

2. 在紧急情况下，要头脑冷静，行动快速，果断放弃财物。暴雨洪水突发性强，陡涨陡落，持续时间短。当发现河道涨水，要迅速撤离，不可麻痹迟疑。汛期河道涨洪时，千万不要强行过河，要耐心等河水退了以后过河，或长距离绕行过河。

3. 在发生暴雨洪水时，行人避雨要远离高压线路、电气设施等危险区域，雷雨时要关闭手机。学校要视情况临时放假或统一留校避洪，安排好临时食宿并通知家人，避免家长在接应寻找孩子的路上发生意外。

4. 及时对溺水者进行人工呼吸等紧急救护等。

专家提示

1. 受到洪水威胁，如果时间充裕，应按照预定路线，有组织地向山坡、高地等处转移；在措手不及，已经受到洪水包围的情况下，要尽可能地利用船只、木排、门板、木床等，做水上转移。

2. 洪水来得太快，已经来不及转移时，要立即爬上屋顶、楼房高层、大树、高墙，做暂时避险，等待援救。不要单身游水转移。

3. 在山区，如果连降大雨，很容易暴发山洪。遇到这种情况，应该注意避免渡河，以防止被山洪冲走，还要注意防止山体滑坡、滚石、泥石流的伤害。

4. 发现高压线铁塔倾倒、电线低垂或线杆断折，要远离，不可触摸或接近，防止触电。

4 泥石流

泥石流具有突然性及流速快、流量大、物质容量大和破坏力强等特点。发生泥石流常常会冲毁公路铁路等交通设施甚至村镇，造成巨大损失。

提示

泥石流对人的伤害主要是泥浆使人窒息。将压埋在泥浆或倒塌建筑物中的伤员救出后，应立即清除口、鼻、咽喉内的泥土及痰、血等，排出体内的污水。

如何预防泥石流

1. 房屋不要建在沟口和沟道上。在村庄选址和规划建设过程中，房屋不能占据泄水沟道，也不宜离沟岸过近；已经占据沟道的房屋应迁移到安全地带。

2. 不能把冲沟当作垃圾排放场。在冲沟中随意弃土、弃渣、堆放垃圾，将给泥石流的发生提供固体物源，促进泥石流的活动；当弃土、弃渣量很大时，可能在沟谷中形成堆积坝，堆积坝溃决时必然发生泥石流。

3. 保护和改善山区生态环境。一般来说，生态环境好的区域，泥石流发生的频度低、影响范围小；生态环境差的区域，泥石流发生频度高、危害范围大。

4. 雨天不要在沟谷中长时间停留。雨天不要在沟谷中长时间停留，一旦听到上游传来异常声响，应迅速向两岸上坡方向逃离。雨季穿越沟谷时，先要仔细观察，确认安全后再快速通过。

应对技巧

1. 随时注意当地气象部门在电台、电视台上发布的暴雨消息，利用电话、广播等设备接收当地有关部门发布的灾害消息；当天降大雨或大暴雨时，居住在易发泥石流地区的居民休息时一定要有人值班，一有情况及时叫醒睡觉的人。

2. 时刻注意听屋外任何异常的声音，如树木被冲倒、石头碰撞的声音。离沟道较近的居民要注意观察沟水流动的情况，如沟水突然断流或突然变得十分混浊，并有上述异常声音出现，可能意味着泥石流将要发生或已经发生，应立即撤离。

3. 如果有关部门已发出山洪泥石流的预报或警报，或上述异常情况越来越明显，应立即组织人员按原定的疏散路线，迅速离开危险区，到安全点避难。

4. 躲避逃生时，不要顺着泥石流沟向上游或下游跑，应向沟岸两侧山坡上跑，且不要停留在凹坡处。

5 大风

大风及其在建筑物之间产生的“强风效应”时常会刮坏房屋、刮倒广告牌和大树等，并会妨碍高空作业，甚至引发火灾。

警示

大风的风速为每小时 62 ~ 74 千米，树枝折毁，人向前行感觉阻力甚大。近年来，随着自然环境的破坏，大风天气越来越多，甚至经常伴着沙尘，形成沙尘暴。

自己如何做

1. 大风天气，在施工工地附近行走时应尽量远离工地并快速通过。不要在高大建筑物、广告牌或大树的下方停留。及时加固门窗、固挡、棚架等易被风吹动的搭建物，妥善安置易受大风损坏的室外物品。

2. 尽量减少外出，必须外出时尽量少骑自行车。

3. 如果正在开车，应将车行驶至地下停车场或隐蔽处。不要将车辆停在高楼、大树下方，以免玻璃、树枝等吹落造成车体损坏。

4. 立即停止高空、水上等户外作业；立即停止露天集体活动，并疏散人员。

5. 在房间里小心关好窗户，在窗户玻璃上贴“米”字形胶布，防止玻璃破碎；远离窗口，避免强风席卷沙石击破玻璃伤人。

6. 龙卷风来袭时，要躲进坚固的建筑物；如果是在野外，应迅速向龙卷风前进的相反方向或者侧向移动躲避。龙卷风已经到达眼前时，应寻找低洼地形趴下，闭上口、眼，用双手、双臂保护头部，防止被飞来物砸伤。

进一步建议

1. 应密切关注火灾隐患，以免发生火灾时火借风势，造成重大的损失。

2. 留意天气预报，做好防风准备。

3. 农业生产设施应及时加固，成熟的作物尽快抢收。

4. 老年人和小孩切勿在大风天气外出。

5. 如果走在路上遇到大风，要把自己衣服的拉链拉好，扣子扣好，稍稍弯腰缩紧身体一步一步慢慢向前行进。千万不要倒着走，那样很容易因为看不见前面的路，撞到物体或行人；也不可顺着风猛跑，那样会因为失去控制摔倒造成伤害。

6 冰雹

冰雹俗称雹子，有的地区叫冷子，夏季或春夏之交最为常见。它是一些小如绿豆、黄豆，大似栗子、鸡蛋的冰粒。

提示

由于我国雹灾严重，所以防雹工作得到了政府的重视和支持。目前，已有许多省建立了长期试验点，并进行了严谨的试验，取得了不少有价值的科研成果，开展人工防雹，使其向人们期望的方向发展，达到减轻灾害的目的。

如何应对冰雹

1. 在夏天下大暴雨时，要尽量到室内避雨。

2. 在野外一旦遇到冰雹，千万不要惊慌，更不能只顾四处奔跑，一定要坚持就近躲藏。无论什么情况，都要坚持先保护头部、颈部和腰部。

3. 如果身旁有坚硬的物品如书包、竹篮、筐子等，可以用这些坚固的东西挡在头上，护住头部之后，再及时跑到最近的安全地点躲避。如果赤手空拳什么都没有的话，那就把上衣脱下来用手撑开，弯腰低头快速往安全的地方跑。

实用技巧

1. 如果下雹季节的早晨凉，湿度大，中午太阳辐射强烈，造成空气对流旺盛，则易发展成积雨云而形成冰雹，故有“早晨凉飕飕，午后打破头”“早晨露水重，后晌冰雹猛”的说法。

2. 下冰雹前常常出现大风而风向变化剧烈。农谚有“恶云见风长，冰雹随风落”“风拧云转雹子片”等说法。

3. 听雷声：雷声沉闷，连绵不断，群众称这种雷为“拉磨雷”，所以有“响雷没有事，闷雷下蛋子”的说法。这是因为冰雹云中横闪比竖闪频数高、范围广，闪电的各部分发出的雷声和回声混杂在一起，听起来有连续不断的感觉。

专家提示

冰雹和雨、雪一样都是从云里掉下来的。只不过下冰雹的云是一种发展十分强盛的积雨云，而且只有发展特别强盛的积雨云才可能降冰雹。冰雹是由于冰晶或雨滴在对流的0℃左右的积雨云中几上几下翻滚凝聚而形成的，当它的体积越来越大，上升气流托不住它的重量时，便降落到地面。

7 暴雨

暴雨，特别是大范围的大暴雨或特大暴雨，往往会在很短时间内造成城市内涝或者山洪，使居民的生命财产遭受损失，对城市交通也会带来重大影响。

警示

暴雨天地势低的地方很容易积水，盲目经过会发生溺水，所以经过有积水的地方时尽量绕行。

自己如何做

1. 当发生溺水时，若不熟悉水性，除呼救外，应取仰卧位，头部向后，使鼻部可露出水面呼吸。呼气要浅，吸气要深。此时千万不要慌张，不要将手臂上举乱扑腾，否则会使身体下沉更快。

2. 如果在水中被困车内，应解开安全带，解车门安全锁，立即完全打开车窗，或通过破窗锤来击碎车窗玻璃。安定情绪，进行深呼吸。车辆入水后，水会快速涌进车内，这时水压非常大，车内的人很难打开车门逃生。只有当车内充满了水，车门两侧压力相等时，才有可能打开门。打开车门后，尽快向旁边游开。

实用技巧

1. 预防居民住房发生小内涝，可因地制宜，在家门口放置挡水板或堆砌土坎。

2. 室外积水侵入室内时，应立即切断电源，防止积水带电伤人。

3. 在户外积水中行走时，要注意观察，贴近建筑物行走，防止跌入窨井、地坑等。

4. 驾驶员遇到路面或立交桥下积水过深时，应尽量绕行，避免强行通过。

进一步建议

1. 暴雨期间尽量不要外出，必须外出时应尽可能绕过积水严重的地段。

2. 在山区旅游时，注意防范山洪。上游来水突然混浊、水位上涨较快时，须特别注意。

3. 家住平房的居民应在雨季来临之前检查房屋，维修房顶。

8 沙尘暴

沙尘暴是沙暴和尘暴两者兼有的总称，是指强风把地面大量沙尘物质吹起并卷入空中，使空气特别混浊，水平能见度小于 1 千米的严重风沙天气现象。

提示

我国的沙尘暴区属于中亚沙尘暴的一部分，主要发生在北方地区。总的特点是西北多于东北地区，平原或盆地多于山区，沙漠及沙漠边缘多于其他地区。

沙尘暴的主要危害

1. 生态环境恶化。出现沙尘暴天气时狂风裹的沙石、浮尘到处弥漫，凡是经过地区空气混浊，呛鼻迷眼，患呼吸道等疾病的人数增加。

2. 生产生活受影响。

3. 生命财产遭损失。2000 年 4 月 12 日，甘肃省永昌、金昌、武威等地遭遇强沙尘暴天气，据不完全统计仅金昌、武威两地直接经济损失达 1534 万元。

4. 影响交通安全。沙尘暴天气经常影响交通安全，造成飞机不能正常起飞或降落，使汽车车厢玻璃破损、火车停运或脱轨。

5. 危害人体健康。当人暴露于沙尘天气中时，含有各种有毒化学物质、病菌等的尘土可透过层层防护进入到口、鼻、眼、耳中。

专家提示

1. 发生强沙尘暴天气时不宜出门，尤其是老年人、儿童及患有呼吸道过敏性疾病的人。

2. 平时要做好防风防沙的各项准备。

如何应对

1. 及时关闭门窗，必要时可用胶条对门窗进行密封。

2. 外出时要戴口罩，用纱巾蒙住头，以免沙尘侵害眼睛和呼吸道而造成损伤。应特别注意交通安全。

3. 机动车和非机动车应减速慢行，密切注意路况，谨慎驾驶。

4. 妥善安置易受沙尘暴损坏的室外物品。

进一步建议

1. 在沙漠地区种植适宜在该地区生长的植物。

2. 在沙漠边缘种植乡土品种的低矮灌木和小乔木，改善植被分布。

9 冰雪天气

遭遇冰雪天气时，由于视线不清，路面湿滑，会给出行带来很多安全隐患，极易发生交通和跌伤等事故。同时，由于气温骤降，可引发冻伤和其他疾病。

警示

如果雪后跌倒导致腰部疼痛，千万不可随意乱动，应尽快呼救或拨打急救电话。

自己如何做

1. 跌伤后不要急于起身，应首先检查何处受伤。挫伤可内服药物活血散瘀止痛。擦伤可用生理盐水清洁伤口，外用预防感染的药物。

2. 如有局部冻伤，可将肢体放入 38 ~ 40℃的温水中，患肢颜色转红、复温后再离开温水。若上肢肿胀较剧或已有炎症，则将健肢放入温水中。

3. 发生交通事故后，应在现场后方设置明显标志，以防二次事故的发生。

实用技巧

1. 做好防寒保暖，预防冻伤；注意自身安全，预防因道路湿滑导致跌伤、骨折。

2. 老年人及体弱者应避免出门。

3. 能见度在 50 米以内时，机动车最高时速不得超过 30 千米，并保持车距。转弯时避免急转以防侧滑，踩刹车不要过急过死。在冰雪路面上行车，应安装防滑链，佩戴有色眼镜或变色眼镜。路过桥下、屋檐等处时，要迅速通过或绕道通过，以免其上冰凌因融化而突然脱落伤人。

4. 机动车驾驶员应给轮胎少量放气，增加轮胎与路面的摩擦力。

5. 冰雪天气不要穿高跟鞋。

6. 在道路上撒融雪剂，以防路面结冰；应及时组织扫雪。

专家提示

药物治疗

1. 云南白药、跌打丸、七厘散、三七片、伤痛宁片等都具有活血散瘀、消肿止痛的作用，适于较严重的挫伤（早期和中期）。

2. 2%汞溴红溶液（红药水）、1%甲紫溶液（紫药水）、2%碘酊（碘酒）可用于擦伤早期。

进一步建议

在严寒环境下，如果出现皮肤苍白、有麻木感、充血、水肿、痒、刺痛和感觉异样，或有大小不等的水疱等，应及时就诊。

如有骨折或三度的局部冻伤，出现局部皮肤或者肢体坏死，皮肤呈紫褐色或黑色，应由医生处理。

10 高温

日最高气温达到或超过 35℃ ，就是高温天气。在高温和热辐射的长时间作用下，机体体温调节出现障碍，水、电解质代谢紊乱及神经系统功能受到损害，可引起中暑。

提示

在闷热的环境中，通风不佳，散热困难，或露天劳动时直接在烈日下暴晒等都容易引起中暑。若出现头痛剧烈、昏厥、昏迷、痉挛等，须拨打急救电话。

如何应对

1. 应立即把患者抬至阴凉通风处，解开衣领，平卧休息。

2. 用冷毛巾敷头部，用凉水或用 30% 酒精擦身降温，胸部除外。

3. 给患者服用生理盐水或十滴水等防暑药品。

4. 对昏迷者针刺人中、十宣等穴。

专家提示

如果这些措施未能缓解症状，或患者昏迷不醒，应立即送医院就诊。

实用技巧

1. 盛夏期间做好防暑降温工作，应开窗使空气流通，地面经常洒水，设遮阳窗帘等。

2. 合理安排作息时间，不宜在炎热的中午或强烈日光下过多活动。加强个人防护，戴遮阳帽，涂抹防晒霜，饮凉白开水、冷盐水、白菊花茶、绿豆汤等防暑饮品。准备一些常用的防暑降温药品。

3. 高温条件下的作业人员，应采取防护措施或停止作业。

4. 有头痛、心慌时，应立即到阴凉处休息、饮水。

5. 预备防暑降温药品，藿香正气水、清凉油、十滴水、人丹等可以帮助缓解中暑症状。

进一步建议

老年人、体弱者或高血压、心肺疾病患者应减少活动，如有胸闷、气短等症状应及时就医。

11 雷电

大雨天气中，雷电是一种常常被人们忽视的严重气象灾害。雷鸣电闪所产生的冲击波、火光和电流，能使人心搏和呼吸立即停止并造成严重烧伤，亦可导致人员伤亡、建筑物倒塌，引发火灾及造成电力通信和计算机系统的瘫痪事故，给国民经济和人们生命财产带来巨大的损失。

警示

雷电来时，尽量不要拨打、接听电话，或使用电话线上网，应拔掉电源、电话线及电视天线等可能将雷电引入的金属导线。稳妥科学的办法是在电源线上安装避雷器并做好接地。

自己如何做

1. 雷雨中，一旦感到头发竖起或皮肤有明显颤动感时，要意识到自己已遭雷击，应立即蹲下。

2. 如果发现有人不幸被雷击，可就地实施人工呼吸和胸外按压进行抢救，并立即拨打“120”求救，报告事故地点及伤情。对昏迷患者要坚持长时间抢救，不可轻易放弃，因大多数是呼吸麻痹所致。

专家提示

被雷击昏迷的患者复苏成功后，应送医院做进一步治疗。如皮肤破损较大，可给予植皮治疗；如有筋膜明显水肿，应立即切开减压。

实用技巧

1. 看见闪电几秒内就听见雷声时，说明正处于近雷暴的危险境地，此时应停止户外活动或行走，两脚并拢且蹲下，最好使用塑料雨具等。

2. 如果在户外遭遇雷雨，要尽快离开各种高大物体，来不及离开时应马上找些干燥的绝缘物放在地上，并双脚合拢坐在地上。

3. 在户外空旷处不宜进入孤立的棚屋、岗亭，也不要在大树下避雨，不宜在旷野中打伞，不宜在水面和水边停留，不宜快速开摩托、快骑自行车或在雨中狂奔。

4. 不要站在高楼平台上收拾东西，要远离建筑物外露的水管、煤气管等金属物体及电力设备。

12 踩踏

在公共集会或大型活动时，由于人流量比较大，或者由于某种突发原因，出现情绪失控，人群聚集、拥挤、推搡等，往往会发生踩踏事故。此时，如果你正好置身在这样的环境中，就非常有可能受到伤害。

提示

如果出现拥挤踩踏的现象，应及时联系外援，寻求帮助。赶快拨打“110”或“120”等。

自己如何做

1. 在学校上下课时，上下楼梯要相互礼让，靠右行走，遵守秩序，注意安全。在出操、集会等活动中，上下楼不求快，要求稳。

2. 不准在楼梯间打闹、搞恶作剧等。上课期间，教学大楼的所有大小门都要打开，一旦发生拥挤踩踏或者火灾等事故，便于及时有效地疏散。

3. 在公共场所时，发觉拥挤的人群向着自己行走的方向拥来时，应该马上避到一旁，但是不要奔跑，以免摔倒。切记不要逆着人流前进，那样非常容易被推倒在地。

4. 遭遇拥挤的人群时，一定不要采用体位前倾或者低重心的姿势，即便鞋子被踩掉，也不要贸然弯腰提鞋或系鞋带。如有可能，抓住一样坚固牢靠的东西，待人群过去后，迅速而镇静地离开现场。

专家提示

1. 在人群中走动，遇到台阶或楼梯时，尽量抓住扶手，防止摔倒。

2. 若被推倒，要设法靠近墙壁。面向墙壁，身体蜷成球状，双手在颈后紧扣，以保护身体最脆弱的部位。

进一步建议

举止文明，人多的时候不拥挤、不起哄、不制造紧张或恐慌气氛。

实用技巧

1. 如果已被裹挟至人群中时，要切记和大多数人的前进方向保持一致，不要试图超过别人，更不能逆行。

2. 集市、大型活动中，往往人流比较多。在拥挤的人群中，要时刻保持警惕，当发现有人情绪不对，或人群开始骚动时，就要做好准备，保护自己和他人。

3. 当发现自己前面有人突然摔倒时，要马上停下脚步，同时大声呼喊，告知后面的人不要向前靠近。

13 爆炸

人们在生产活动中，由于不认识物质的危险特性或违反了正常生产操作规程，而意外地发生了突发性大量能量的释放，伴有强烈的冲击波、高温高压和地震效应的事故称为爆炸事故。

警示

对不熟悉的操作流程，一定要在培训和完全掌握后才可以操作，严禁“无证上岗”和不当操作。

自己如何做

1. 处在事故现场时尽可能开展自检、自救、互救和抢救。立即组织幸存者自救互救，并拨打“120”“110”“119”呼救。可以在这些人员到来之前保护现场，维持秩序，对伤者进行初步急救。

2. 协助神志不清者侧卧，保持呼吸道通畅，迅速设法清除呼吸道内的尘土、沙石，防止发生窒息。若伤员呼吸停止，立即进行口对口人工呼吸和胸外按压。但伤员已发生心脏和肺损伤时，慎重应用胸外按压技术，以免造成反效果。

3. 就地取材，进行止血、包扎、固定。搬运时注意保持脊柱损伤伤员的水平位置，以防止移位而发生截瘫。

4. 如果远处发生爆炸，要立即卧倒，保护头部。不要在树旁、建筑物旁等处躲避，因为这些建筑物和树木也可能会因为爆炸而受到损害，躲避者有可能遭遇第二次伤害。

5. 要服从统一指挥，不要进入有警戒线或警戒标示的现场。

专家提示

1. 对危险物品，如炸药等，应严格按照国家规范进行保存与使用。

2. 在进行一些开采活动，或在可能有可燃物如汽油、柴油等场所活动和工作时，要严禁烟火。不仅不能吸烟，对于电源、温度等都应该严格按照规范执行。

进一步建议

1. 熟悉周围环境，预先设计突发事故时的逃生路线和方法。

2. 积极参加各种避难、逃生、救灾等演习活动。

3. 不要使用可能被爆炸物污染的食物、饮用水和生活用品。

第五部分 常见急症

生活中由于各种原因，我们会遇到一些突发急症，如高热、昏迷、中暑，甚至是食物中毒，遇到这些常见急症时，应沉着大胆，冷静细心，分清轻重缓急，果断采取相应的处置办法。如果是自己患病，要积极自救，并及时求助。如果身边有人突发急症，在拨打急救电话的同时，应采取措施积极救助。一般来讲，要先处理危重患者，再处理病情较轻的患者，在同一患者中，先抢救生命，再治疗伤病。充分运用现场可供支配的人力、物力来协助急救。

1 高热

一般我们量体温时，腋下测温是比较方便的做法。如果腋下温度为 39.1 ~ 40℃，则为高热，超高热则为 40℃以上。发热时间超过两周为长期发热。

提示

体温升高，常提示有疾病存在。很多高热不仅仅是感冒等引起，应引起重视。

自己如何做

1. 用冷水打湿的毛巾或冷水袋敷头额、双腋及腹股沟等部位，或把用布包裹的冰袋枕于头部或放置于上述部位。亦可用冷水（28 ~ 30℃）或酒精（30% ~ 50%）于四肢、躯干两侧及背部擦浴。

2. 服用家庭常备的降温药物，如阿司匹林等。

3. 可以服用中药清热剂，如清热解毒口服液、柴胡口服液等。

实用技巧

1. 屋里空气要流通，保持空气新鲜。

2. 高热时会有大量水分消耗，可以多饮淡盐水。保持口舌滋润和大小便通畅。

3. 多吃点水果，尤其是西瓜，既能补充水分、糖分和维生素，又有清热的功效；此外，还应注意大便通畅。

4. 一旦高热持续不下，就要及时服用降温药物，以防引起抽搐等。

专家提示

很多传染病也可以引起高热，所以出现高热不退时，应及时到医院进行诊治，以防出现其他意外。

2 过敏

过敏反应是指已免疫的机体在再次接受相同物质的刺激时所发生的反应。反应的特点是发作迅速、反应强烈、消退较快；一般不会破坏组织细胞，也不会引起组织损伤，有明显的遗传倾向和个体差异。

警示

如果吃过某些药品、食品，或接触到花粉、灰尘，出现皮肤红肿，或出现荨麻疹，甚至是呼吸困难、哮喘等，就提示发生了过敏，应慎重对待，寻求医生帮助。

自己如何做

外出就餐或旅游时，发生过敏反应的概率更高，一旦出现过敏现象，就要及时采取以下措施。

1. 如果是吸入了某些花粉、灰尘、柳絮等，应及时脱离这种环境。

2. 如果是吃过某些药品或食品后过敏，应马上停止服用，并及时到医院进行治疗。

3. 对于过敏出现的一些皮肤症状、呼吸道症状，应进行对症治疗。

实用技巧

这里介绍“四字诀”，就是“避”“忌”“替”“移”。

1. 如果是对油漆或花粉过敏，就应该“避”开，不接触。

2. 如果食虾过敏，就应该“忌”口不再吃，这样就可防止过敏症状的发生。

3. 有些不能采取“避”“忌”的，如患者对青霉素过敏，就应选用其他不过敏的抗生素来“替”代青霉素，从而使治疗达到预期目的。

4.“移”就是移走，如对家中的羽毛枕头过敏，就应该把它移走。

专家提示

第一次发病时，在发病期间应先采用非特异性的脱敏治疗，如止痒、止喘等一些对症疗法。一旦症状缓解后，应马上到皮肤科或变态反应科就诊，确定是不是变态反应性疾病，查清致敏原后，选择适当的时机，针对致敏原制订相应的特异性的脱敏治疗方案，即一般说的“特异性脱敏治疗”。

进一步建议

如果脱敏治疗失败或效果不佳时，可以选择中医中药治疗。

3 呕吐和腹泻

呕吐和腹泻是一种常见的急诊病症，病因很多，常见的主要是消化系统疾病，如急性胃肠炎等。婴幼儿因为消化系统发育不完善，所以很容易导致呕吐和腹泻。呕吐和腹泻严重的时候，可以导致水和电解质紊乱，甚至会导致死亡。

提示

对于严重呕吐和腹泻患者，病因可能比较复杂，需要到医院做正规治疗，以确诊疾病，并对症治疗。

自己如何做

根据呕吐与腹泻的情况，可以初步判断一下其原因和归类。

1. 餐后的呕吐和腹泻，往往是食物中毒或进食不洁食物引起，也可由胃肠炎引起。

2. 晨间呕吐，育龄女性应考虑早孕反应，有时也见于尿毒症或慢性酒精中毒。夜间呕吐多见于幽门梗阻。

3. 若粪便为灰白色，可能是结石、肿瘤、蛔虫等引起的胆道梗阻；若为黑色，在没有进食动物血制品和黑色的食物、药物的前提下，则可能是上消化道出血所致；粪便为红色则常提示下消化道出血；有柏油样腥臭味的粪便常提示痢疾；淡黄色则提示脂肪消化不良；多泡沫、酸臭味一般多为糖消化不良；恶臭则为蛋白质消化不良及肠道有害菌多。

专家提示

1. 根据呕吐和腹泻时有水分大量丢失的特点，宜增加流质饮食的摄入，如牛奶、藕粉、菜汁、果汁、鸡蛋汤、软面和稀粥等。

2. 一般呕吐和腹泻，早期可以吃些加咸菜的清淡米汤，中期好转后最好吃面条等软烂食品。

进一步建议

一般的呕吐和腹泻，大部分是由于胃肠道病变引起的，如呕吐或腹泻不止，或是呕吐物或排泄物中有血液、胆汁等其他成分，就要警惕，特别是一些神经系统疾病和内分泌系统疾病，也可以导致呕吐和腹泻，所以一定要引起重视。

4 低血糖

低血糖是指血糖浓度低于一定水平而引起交感神经过度兴奋和脑功能障碍，严重者可昏迷。早期及时补充葡萄糖可使之迅速缓解，延误治疗将出现不可逆的脑损伤甚至死亡。

警示

患者先有饥饿感，乏力，四肢麻木，情绪不安，面色苍白，头晕，呕吐，心慌，胸闷等症状。严重时，大汗淋漓，皮肤湿冷，吐字不清，注意力不集中，有时出现抽搐、惊厥、不省人事、大小便失禁、昏迷等。

自己如何做

1. 卧床休息，迅速补充葡萄糖是决定预后成功的关键。在低血糖发作的当时，立即给予含糖较高的食品，如饼干、果汁等。重症患者应注意勿使食物吸入肺中呛入气管，以免引起吸入性肺炎或肺不张。

2. 能自己进食的低血糖患者，饮食应低糖，高蛋白，高脂肪，少食多餐，必要时午夜加饮含糖饮料 1 次。

3. 静脉注射 50% 葡萄糖 40 ～ 60 毫升是低血糖抢救最常用和有效的方法。若病情不严重，尚无造成严重脑功能损害，则症状可迅速缓解，神志可立即清醒。

进一步建议

糖尿病患者应随身携带一些水果糖、饼干等食品。

如果合并有其他疾病，应及时到医院进行检查治疗。对一些药物诱导产生的低血糖反应，要在医生的指导下进行服药，切不可随意乱用。

专家提示

1. 避免过度劳累及剧烈运动，一日三餐按时进食。

2. 正在应用胰岛素的患者，应严格计算好普通胰岛素与长效胰岛素的用量比例。严密观察口服降糖药的使用，发现低血糖反应时，及时调整。如果发现白天尿量多，尿糖多，夜间常发生低血糖时，应检查是否由注射部位吸收不良而引起或改变注射部位引起。

3. 严格限制单糖类摄取量，要尽量少吃精制及加工食品，如速食米及马铃薯、白面粉、汽水、酒、盐。避免食用糖分高的水果及果汁，如需饮用可混合 50%的水饮用。也要少吃通心粉、面条、肉汁、白米、玉米片、甘薯。

5 高血糖

当空腹（8 小时内无糖及任何含糖食物摄入）时血糖高于正常范围，称为高血糖。空腹血糖正常值为 4.0 ~ 6.1 毫摩 / 升。餐后 2 小时血糖高于正常范围 7.8 毫摩 / 升时，也可以称为高血糖。

提示

高血糖就极有可能是糖尿病的早期症状。目前糖尿病患者已经越来越年轻化，甚至出现儿童患糖尿病。所以，高血糖要及早治疗。

自己如何做

1. 严格控制血糖。早期有效地控制感染。口服降糖药的患者应改用胰岛素，感染控制后再改用口服药。对高血糖患者感染应予以足够的认识和处理。

2. 一般情况下，每天摄入热量在 1500 ~ 1800 千卡（1 千卡 =4.184 千焦），胖人宜减少到 1200 ~ 1500 千卡。其中碳水化合物占总热量 60%左右，相当于主食 300 ~ 400 克。粗杂粮中的糖类分解较缓慢，适于糖尿病患者。

3. 防治并发症。糖尿病患者脂肪代谢紊乱，血脂高，动脉粥样硬化发展快。食物中必须控制胆固醇含量，一般每天不超过 300 毫克，相当于每天一个鸡蛋。

专家提示

1. 注射胰岛素控制血糖的患者不可任意停药。按医护人员及营养师的指示进食。

2. 平时要注意血糖的控制，经常检查血糖值。

3. 找出高血糖发生的原因，避免下次再发生。

4. 注意保暖。多喝水，保持饮食平衡。

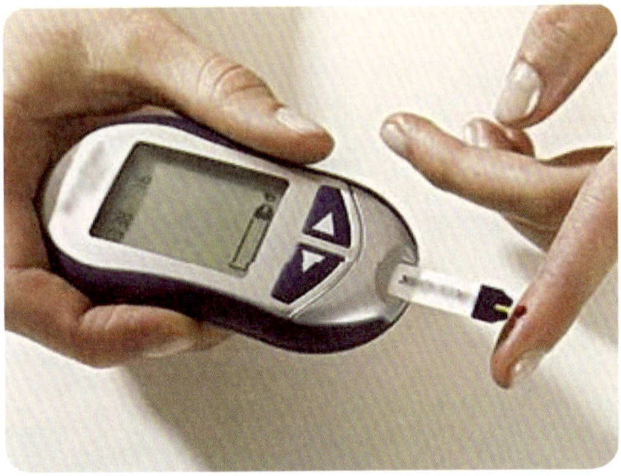

进一步建议

平时应做好体检，一旦发现高血糖应高度重视。血糖检查前如果食用大量的甜食，当然会出现血糖高的结果。所以检查出是高血糖，不要过于担心，间隔一段时间后，再次检查看看血糖值。

6 咯血

咯血是指咳嗽而出血，痰少血多，或大量咯吐鲜血的表现。往往是喉以下部位的呼吸道出血。其病因复杂。

警示

咯血大多是由呼吸系统疾病和心血管系统疾病引起，也可由炎症、寄生虫、肿瘤等多种原因引起。

自己如何做

1. 咯血时，除了咯出血液外，若伴有咳嗽、咳痰和胸痛等表现，应及时告知医生。

2. 一旦出现咯血，不管量多与少，应及时留取标本，尽快到医院治疗。

3. 预防感冒。外出时要根据天气变化增加衣服，防止受寒感冒。

4. 注意饮食。饮食以富含维生素的食物为首选。

专家提示

1. 大、中量咯血者，应定时测量血压、脉搏、呼吸。

2. 鼓励患者轻微咳嗽，将血液咯出，以免滞留于呼吸道内。

3. 为防止患者用力大便，加重咯血，应保持大便通畅。对大量咯血伴有休克的患者，应注意保温。

4. 咯血可引起窒息，并可能出现烦躁、抽搐、昏迷等症状。

5. 少量咯血，如痰中带血者，一般无需特殊处理，适当减少活动量，对症治疗即可；中等量的咯血应卧床休息；大量咯血则应绝对卧床休息，以患侧卧位为宜，尽量避免血液溢入健侧肺，若不能明确出血部位，则暂取平卧位。

进一步建议

家属应协助医护人员做好相关的护理工作。要做好患者的情绪安抚工作。

7 昏厥

昏厥也称晕厥，是指突然发生的短暂性意识丧失。晕厥多数为脑缺血、缺氧所致，往往发生在体位突然改变时，突然意识不清，跌倒在地，可伴或不伴有四肢抽搐，数分钟至数十分钟后自行清醒，其后无特别不适。

提示

许多心血管疾病可导致晕厥，如心跳过慢、各种心动过速、主动脉瓣膜狭窄、肥厚性心肌病、肺栓塞、原发性肺动脉高压、严重心肌梗死等，此时必须及时就医，否则有猝死的危险。

识别晕厥

晕厥常由悲哀、恐惧、焦虑、晕针、见血、创伤、剧痛、闷热、疲劳等刺激因素引发，排尿、排便、咳嗽、失血、脱水也可为诱因。由卧位转为立位时常发生直立性低血压晕厥，颈动脉窦过敏性晕厥多发生于头位突然转动时。

晕厥与昏迷不同，昏迷的意识丧失时间较长，恢复较难。晕厥与休克的区别在于休克早期无意识障碍，周围循环衰竭征象较明显而持久。

应对技巧

1. 紧急呼救，拨打“120”医疗急救电话，启动急救医疗服务体系，寻求专业人士的帮助。

2. 保持气道通畅。如有呕吐，要将患者头偏向一侧，以免呕吐物误吸引起气道阻塞。

3. 给氧，有条件应该予以吸氧。在室内无条件吸氧时可将门窗打开，保持空气清新。松开患者的衣领、胸罩、腰带等束缚物。

4. 检测生命体征的变化并及时记录和处理。

进一步建议

晕厥是临床常见的综合征，具有致残甚至致死的危险，病因复杂，正常人也可能发生。因此，发生晕厥不可忽视，应及时救治。

专家提示

意识障碍可分为四级。

Ⅰ级主要表现为嗜睡，即患者处于持续睡眠状态，但能唤醒，并能用言语或运动做出反应。

Ⅱ级表现为昏睡。患者需要强刺激才能唤醒，且言语、运动反应较少，刺激停止后又迅速进入睡眠状态。

Ⅲ级表现为浅昏迷。患者对声音、强光等刺激均无反应，对疼痛等强烈刺激有运动反应，但患者的呼吸、心率和血压等生命体征平稳。

Ⅳ级即深昏迷。患者对外界各种刺激均无反应，即使是对伤害性刺激的躲避反射也消失，生命体征常有改变。

8 休克

休克是由各种极为严重的致病因素导致机体有效循环血量急剧减少，使全身组织器官、微循环灌注不良，引起组织代谢紊乱和器官功能障碍为特征的临床综合征。

警示

休克并不是单一而独立的疾病，严重休克时，可出现心、肺、肾等多器官功能衰竭的紧急状态，不及时抢救可导致死亡。

引起休克的原因

引起休克的主要原因有各种心脏病导致的心功能障碍、中毒、创伤、出血、烧伤、严重腹泻、过敏，以及外伤、剧痛、脊髓损伤或麻醉意外等。

休克的主要表现

血压降低，成人肱动脉收缩压（平常所说的高压）低于 90 毫米汞柱。肢端湿冷、皮肤苍白、口唇及指（趾）甲发绀，有时伴有大汗；烦躁不安，易激惹或神志淡漠、嗜睡、昏迷。尿量减少或无尿。

应对技巧

1. 患者取平卧位，下肢略抬高 15° ~ 20°，以利于静脉血回流。如有呼吸困难者，可将其头部和躯干适当抬高，以利呼吸。

2. 保持呼吸道通畅，清除口腔内痰液等分泌物或异物，尤其是休克伴昏迷者，应将其颈部垫高，下巴抬起，使头部后仰，同时头偏向一侧，以防呕吐物、分泌物误吸入呼吸道。

3. 有条件的予以吸氧，及时用鼻导管供氧，给氧量每分钟 6 ~ 8 升，间歇给予。

4. 观察患者生命体征的变化，即密切观察呼吸、脉搏、血压、尿量等情况。

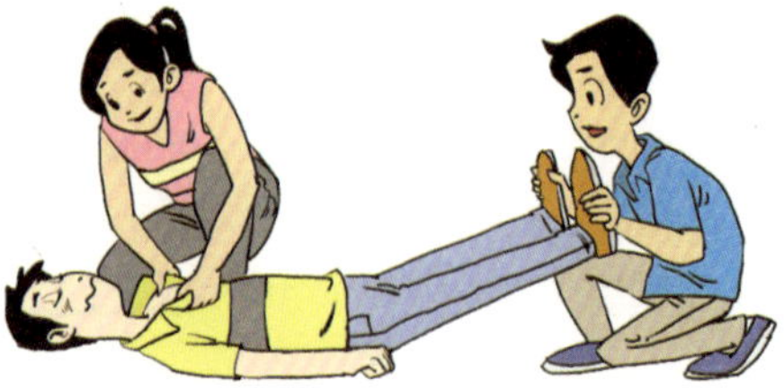

专家提示

救护的同时，拨打“120”医疗急救电话。若发现患者心跳、呼吸停止，应立即开展心肺复苏，并寻求专业人士的帮助。

及早护送患者至医院抢救治疗。

进一步建议

注意给体温过低的患者保暖，盖上棉被、毯子。但对伴发高热的患者，应给予适当的降温，以采用物理降温为好。

9 哮喘

支气管哮喘（简称哮喘）是一种常见的呼吸道疾病，被世界医学界公认为四大顽症之一。其病因复杂，受遗传因素和环境因素的双重影响，发病机制尚不完全清楚。哮喘持续状态是指常规治疗无效的严重哮喘发作，持续时间一般在 12 小时以上。哮喘持续状态并不是一个独立的哮喘类型。

提示

哮喘严重危害人们的身心健康，减弱人们的劳动能力，降低人们的生活质量，且难以得到根治，易反复发作，轻者伤身，重者致人丧命。

案例

1995 年，声音甜美圆润、温婉动人的某位歌后因哮喘病发，香消玉殒，年仅 42 岁。

美国一名 19 岁少女，在一家酒吧工作时，由于吸入了过量的二手烟，在某一天进入酒吧 15 分钟后发生急性哮喘，在医务人员赶到之前离开了人世。

进一步建议

为提醒公众对哮喘的认识，提高防治水平，每年 5 月的第一个周二为世界防治哮喘日。

哮喘持续状态的主要表现

1. 哮喘发作进行性加重，常规治疗无效。
2. 严重呼吸困难持续 12 小时以上。
3. 呼吸急促，每分钟呼吸 30 次以上。
4. 心动过速，每分钟脉搏 120 次以上。
5. 有严重的吸气性三凹征（胸骨上窝、锁骨上窝、肋间隙出现明显凹陷）。
6. 嗜睡或意识模糊，口唇、指甲发绀明显。
7. 被迫端坐呼吸，不能平卧，说话断续，只能单音吐字。
8. 焦虑烦躁，大汗淋漓。

应对技巧

1. 协助患者取坐位或半卧位休息；或让患者抱着枕头跪坐在床上，腰向前倾。此体位有利于患者呼吸。
2. 备有制氧仪或氧气瓶时，立即用鼻导管或面罩给患者吸氧，流量以每分钟 3 升为宜。
3. 患者备有舒喘灵或沙丁胺醇（喘乐宁）气雾剂时，立即协助患者气道雾化吸入，每次按压 1 ~ 2 喷，每隔 20 分钟 1 次，可吸入 3 次。
4. 注意为患者保暖，保持环境安静，安慰患者，避免紧张。
5. 保持室内通风，空气新鲜，没有过堂风，避免烟雾、油漆等刺激性气体。
6. 意识突然丧失者，按心肺复苏程序操作。
7. 立即拨打“120”医疗急救电话，求助于急救医疗服务体系，或直接将患者送往医院急诊室救治。

10 癫痫

癫痫即俗称的“羊角风”或“羊癫风”，是大脑神经元突发性异常放电，导致短暂的大脑功能障碍的一种慢性疾病。据中国最新流行病学资料显示，国内癫痫的总体患病率为7.0‰，年发病率为28.8 /10 万。

警示

典型的癫痫发作以意识丧失和全身抽搐为特征。患者突然神志不清，大叫一声，跌倒在地，常因此而跌伤。同时，患者双眼上翻或瞪目呆视，随即发生全身肌肉阵阵抽搐、咬牙、舌唇咬破出血、口吐白沫，可伴大小便失禁。此时，家属及周围的人应及时拨打急救电话。

自己如何做

1. 有先兆发作的患者应及时告知家属或周围人，有条件及时间时可将患者扶至床上，来不及者可顺势使其躺倒。

2. 防止患者意识突然丧失而跌伤，迅速移开周围硬物、锐器，减少发作时对身体的伤害。

3. 迅速松开患者衣领，使其头转向一侧，以利于分泌物及呕吐物从口腔排出，防止流入气管引起呛咳窒息。不要向患者灌药，防止窒息。

4. 不要去掐患者的人中，这样对患者毫无益处。不要在患者抽搐期间强制性按压患者四肢，过分用力可造成骨折和肌肉拉伤，增加患者的痛苦。

5. 癫痫发作一般在 5 分钟之内都可以自行缓解。如果连续发作或频繁发作时应迅速把患者送往医院。

专家提示

除了典型的癫痫发作外，还有很多癫痫发作不典型，有的发作时仅有短暂的意识丧失，突然中止原来的活动，表现为：两眼呆视，说话或动作中断，呆立或呆坐不动，面色苍白，面无表情，手中持物掉落，呼之不应。如果出现以上类似症状，要及时到医院进行诊治。

进一步建议

癫痫发作时可能会对患者生活及健康有一定影响，应积极做好预防工作，减少发作并防止突然发作而出现意外。

11 细菌性食物中毒

细菌性食物中毒是指由于食用了被细菌或细菌毒素所污染的食物，大量细菌及细菌毒素进入人体内而引起的急性感染性中毒性疾病，主要包括沙门菌食物中毒、葡萄球菌食物中毒、副溶血性弧菌食物中毒、蜡样芽孢杆菌食物中毒、变形杆菌食物中毒等。

提示

本病起病急、症状重，一旦疑为细菌性食物中毒应立即就诊。

自己如何做

1. 卧床休息，以减少体力消耗。

2. 不与他人共用餐具。

3. 呕吐及腹泻有助于清除胃肠道内残留的毒素，早期一般不予止吐和止泻。

4. 呕吐严重时禁食，待呕吐停止后进食易消化、清淡流质或半流质食物。

5. 腹痛时可用热水袋置于腹部，但应避免烫伤。

6. 多饮水，可饮淡盐水或糖盐水。

专家提示

1. 不暴饮暴食，不食腐败变质的食物。

2. 消灭蟑螂、苍蝇、老鼠等，防止食品被污染。

3. 生、熟食物分开放置，切生、熟食的菜板和菜刀应分开，用后立即清洗，以免滋生细菌。

进一步建议

本病预后大多良好，但若出现脱水、复视、视力模糊等，应立即告知医生，以便进行有效治疗，以免延误病情。

12 真菌性食物中毒

食入霉变食品引起的中毒叫作真菌性食物中毒，近年来这方面的报道渐多。有些是急性中毒，死亡率极高；有些是慢性中毒，可发生癌变，目前已引起全世界的广泛重视。

警示

谷物、油料或植物储存过程中生霉，未经适当处理即作为食料，或是已做好的食物久放发霉变质；发霉的花生、玉米、大米、小麦、大豆、小米、植物秧秸和黑斑甘薯等都可以引起真菌性食物中毒。

案例

某小学千余名学生和百余名教职工在学校食堂就餐后，陆续有人因发热、头痛、恶心、呕吐、腹痛、腹泻等症状到医疗机构就诊。经检验在午餐菜品中发现大量真菌。

自己如何做

1. 保存粮食、花生及其制品等时，应随时注意其水分和温度，积极采取措施，保持干燥，低温储存，以达到防止真菌生长的目的。
2. 已经发生变质的食品，不应再食用，并应与其他食品隔离。
3. 服用真菌性食物者，应到医院进行洗胃、洗肠并服用泻剂。
4. 配合医护人员，进行对症治疗，保护肝肾功能。

专家提示

1. 平时在外就餐时食用大蒜预防。
2. 食物要保管好，使其不发霉变质；变质发霉食物不能食用。

进一步建议

长期吃霉变食物加工的油、饼干等食品，可能会引起癌变，应高度重视。购买食用油、食品时，应到正规机构购买。

13 动物性食物中毒

动物性食物中毒是指吃了动物性有毒食物所引起的中毒，主要包括河豚中毒、贝类中毒、鱼类引起的组胺中毒、盐酸克伦特罗（瘦肉精）中毒，以及动物甲状腺、肾上腺、病变淋巴结中毒等。

提示

动物性食物毒性不同，中毒临床表现也不相同，严重者可致人死亡，因此应及时到医院诊治。

自己如何做

1. 中毒者要尽快就诊，并在到达医院前或医生到来前采取催吐措施。

2. 立即停止进食可疑中毒食物。

3. 真实报告中毒食品的来源，由相关部门妥善销毁。

4. 卧床休息，以减少体力消耗。

5. 呕吐及腹泻有助于清除胃肠道内残留的毒素，早期一般不予止吐和止泻。

6. 腹痛时可用热水袋置于腹部，但应避免烫伤。

实用技巧

1. 河豚有剧毒，严禁购买和进食河豚。

2. 避免进食被污染海域中的鱼、贝类。

3. 慎食生鲜水产品。不吃腐烂变质的水产鱼、贝类。

4. 购买鲐鱼等青皮红鱼，应到有冷藏设备的正规市场。不买鱼眼变红、色泽不新鲜、鱼体无弹性的鱼。烹饪时要加入适量的雪里蕻或红果，以降低组胺含量。不宜油炸或油煎。

5. 不食含有瘦肉精的动物类食物。

专家提示

1. 要提高识别动物甲状腺的能力，不要误买或误食带有甲状腺的动物咽喉等。甲状腺形如“H”，棕红色，分左右两个侧叶，中间以峡部相连。

2. 鲜海蜇要经过食盐加明矾盐渍 3 次才能将毒素排尽。

进一步建议

不应忽视进食后出现的浑身不适、低热等症状，一旦发现应及时请医生诊治。

14 植物性食物中毒

植物性食物中毒是指因误食有毒植物或有毒的植物种子，或烹调加工方法不当，没有把植物中的有毒物质去掉而引起的中毒，主要包括毒蘑菇中毒、四季豆中毒、桐油中毒、豆浆中毒、发芽马铃薯中毒等。

警示

植物中的有毒物质多种多样，毒性强弱差别较大，临床表现各异，救治方法不同，因此，一旦发现食物中毒，应立即到正规医院诊治。

自己如何做

1. 如果在酒席上食用野生鲜蘑菇后出现头痛等症状，不要误认为是酒醉，应及时去医院检查以排除毒蘑菇中毒。

2. 如果你是清醒的，在医生到来之前，可以先自行催吐。

3. 躺卧呕吐时，头偏向一侧，以免窒息。

专家提示

不要使用止吐药和止泻药，因为呕吐和腹泻是机体的自我保护反应，可以帮助机体排出毒素。

实用技巧

1. 四季豆要烧熟煮透方可进食。

2. 不可食用生芽过多或皮肉大部分变黑、变绿的马铃薯。发芽很少的马铃薯，应彻底挖去芽和芽周围的部分。

3. 豆浆应煮沸后再喝。

4. 鲜黄花菜含有秋水仙碱（一种有毒物质），应先用开水焯一下，再用清水浸泡两小时以上，捞出后挤尽汁液，彻底炒熟后再吃。

5. 蒸煮时能使银器或大蒜变黑者是毒蘑菇。

6. 不食生果仁。

7. 鲜木耳含有一种叫卟啉的物质，如果被人体吸收，经阳光照射，可以引起皮肤瘙痒、水肿等，严重者可致呼吸困难，因此鲜木耳应晒干后再食用。

8. 不食霉烂变质的瓜果蔬菜。

进一步建议

出现瞳孔散大、抽搐等症状时，应立即送医院急救。

15 化学性食物中毒

化学性食物中毒是指食入有毒化学物质或被化学物质污染的食物所引起的中毒，主要包括有机磷农药中毒、甲醇中毒、亚硝酸盐中毒、毒鼠强中毒、氨基甲酸酯类中毒、锌化物中毒等。

提示

化学性食物中毒的救治一定要快，因此发现症状要立即就诊。

自己如何做

1. 吃新鲜蔬菜，不吃储存过久的蔬菜、腐烂蔬菜和放置过久的煮熟的蔬菜。

2. 枯井水含亚硝酸盐较多，不宜当作饮用水。

3. 瓜果蔬菜可采取“一洗、二烫、三削”的方法去除残留农药（见实用技巧）。

4. 躺卧呕吐时，头偏向一侧，以免引起窒息。

5. 有条件者可在到达医院之前或救护车到来之前吸氧。

6. 甲醇中毒时应注意避光，保护眼睛，如戴眼罩。

实用技巧

1. 一洗，指用流动水清洗蔬菜水果的方法，主要用于菠菜、生菜、小白菜等叶类蔬菜。金针菜、韭菜花可放在水中漂洗，一边排水一边洗，然后在盐水中泡洗一下。

2. 二烫，适用于西兰花、芹菜、青椒、豆角等。用温水清洗或放到沸水中煮 2 ~ 5 分钟，捞出再用流动水洗两遍即可。

3. 三削，适用于冬瓜、苹果、黄瓜等。食用前先清洗再去皮，以免削皮刀沾染农药污染蔬果。

专家提示

清醒患者可以在医生到来之前自行催吐，以迅速排出胃内毒物。催吐前可先饮温开水致饱腹感。可用干净棉签或洗净的食指伸入口中，到舌根下 2 ~ 3 厘米时缓慢上下滑动，以刺激食管引起恶心、呕吐。

进一步建议

出现以下情况应立即诊治或就地抢救：神志恍惚、语言不清、肢体麻木、抽搐、惊厥、瞳孔缩小、昏迷、胸闷、嗜睡、皮肤青紫。

第六部分 心理健康

随着社会的进步，心理健康已日益受到社会各界的普遍关注。大学生也有很多心理健康问题，特别是随着就业压力的增大，对社会的了解增多，心理健康问题更显突出，抑郁、焦虑等心理健康疾病也屡见不鲜，有的甚至影响学习和生活。改善大学生的心理健康状况，增强承受各种心理压力和处理心理危机的能力刻不容缓。

1 大学生心理健康的标准

心理健康与否的界限是相对的，企图找到绝对标准是非常困难的。大学生心理健康标准的掌握也同样存在这样的问题。在实践中，我们认为，大学生心理健康应从以下几个方面把握。

提示

心理健康指个体能够适应发展着的环境，具有完善的个性特征，且其认知、情绪反应、意志行为处于积极状态，并能保持正常的调控能力。

智力正常

衡量智力是否正常的关键在于是否有强烈的求知欲，乐于学习，能够积极参与学习活动等。

意志健全

在各种活动中都有自觉的目的性，能适时地做出决定并运用切实有准备的方式解决所遇到的问题；在困难和挫折面前能采取合理的反应方式。

情绪健康

积极愉快的情绪多于负面情绪，乐观开朗，富有朝气，对生活充满希望；情绪稳定，善于控制与调节自己的情绪，既能克制又能合理宣泄；情绪反应与环境相适应。

人格完整

具有正确的自我意识，不产生自我同一性混乱；以积极进取的人生观作为人格的核心，并以此为中心把自己的需要、目标和行动统一起来。

自我评价正确

正确的自我评价表现在恰如其分地认识自己，能摆正自己的位置，既不以自己高于别人而自傲，也不以自己低于别人而自惭；能够自我悦纳。

社会适应正常

能客观分析现实环境，能以有效的办法应对环境中的各种困难，不退缩；能根据环境的特点和自我意识的情况努力进行协调。

人际关系和谐

乐于与人交往，既有广泛的人际关系，又有知心朋友；在交往中保持独立而完整的人格，不卑不亢；能客观地评价别人和自己，善于取人之长补己之短，宽以待人，乐于助人。

心理行为符合大学生的年龄特征

具有与年龄和角色相应的心理行为特征。

2 大学生的心理问题

心理问题是指所有各种心理及行为异常的情形。心理的“正常”和“异常”之间并没有明确的和绝对的界限，一般认为，人的心理及行为是一个由“正常”逐渐向“异常”、由量变到质变，并且相互依存和转化的连续谱。

提示 大学生心理问题的种类：新生入学适应问题，学习方面的心理问题，人际交往方面的心理问题，恋爱与性心理问题，求职择业及个人发展方面的困扰，个性及情绪方面的问题。

对现实的失落感

中学时老师为了激励学生刻苦学习，总爱把大学描绘成一个“人间天堂”，学生也将考上大学作为唯一的和最终的目标来激励自己。但进入大学校园后，突然发现事实并非如此，或者这个大学并非自己理想中的学校，一时难以接纳。

对比之中的失落感

在新的集体内，随着比较群体的增大和比较范围的扩大，大学新生可能会发现自己的优势并不突出，或者曾经拥有的“鹤立鸡群”的自豪感荡然无存。

专业学习的困惑心理

进入大学后，面对大学学习的自主性、灵活性和探索性，一时无所适从，不知如何安排学习，以至心中忧郁、焦虑。

对生活环境的不适应

进入大学后，由原来依赖父母的家庭生活过渡到相对自立的大学集体生活，心理上可能会产生一种孤独、空洞感。

专家提示

大学生容易出现自我意识困惑，主要表现为对如何发挥自己的优点和克服缺点感到迷茫。如看到班上那些多才多艺、能力较强的同学，觉得自己一无是处，事事不如人，产生了自卑心理，但又不知道如何突破自己。

进一步建议

大学生要克服人际交往中的以下几种问题：

1. 人际关系敏感。
2. 人际交往心理障碍。
3. 习惯于以自我为中心。

3 如何适应大学生活

大学是人生的一次飞跃，学生开始自主地选择自己的未来，特别是选择学习未来所要掌握和运用的知识和技能。

提示

一位心理学家曾在全国多所大学做过大规模的心理症状自评测查，结果显示：大学新生的心理健康水平普遍低于全国成人水平，其中着重体现在强迫症、人际关系敏感、焦虑、敌对和恐惧等方面。

大学与中学的主要区别

1. 大学的学习是自主学习，除了正常上课有老师在场，其余时间大多数由学生自己支配，大学的学习内容繁杂，除专业课程外，还开设公共课和大量有特色的选修课，并设有实习、社会实践等课程，以培养学生的综合素质。

2. 大学生来自四面八方，不同的地域习惯、经济状况等，构成了大学独特的人际环境，需要大学生在人际交往中避免冲突、相互理解。相对独立的生活也要求大学生培养自己的自主、自立、自理能力。

3. 大学课程安排相对宽松，留给学生的自主时间多，丰富多彩的体育活动、文艺活动、社会实践活动形成了独特的校园文化。

调整自己，适应大学生活

1. 调整认识自我的方式。

2. 调整生活方式。要学会独立生活。

3. 调整学习方式。确定学习目标，端正学习态度，掌握正确的学习方法。

4. 调整人际交往方式。

5. 调整思维模式。尽可能去寻找所在环境中的合理成分，转变思维模式。

专家提示

学会与新同学互相帮助、互相关心、互相理解和信赖，减少孤独感和对父母的依赖。积极参加集体活动，克服人际交往中的幼稚心态，不以自己的好恶为选择，多看对方优点，建立良好的人际关系。

进一步建议

接受自己的才能，也接受自己的弱点。保持对自己的信心。对自己的行为负责任。保持开放的心态，客观对待自己。

4 塑造完善的人格

俗话说:“三岁看小，七岁看老，江山易改，本性难移。”但实际上，人的性格是可以改变的，不论是我们的生活实践，还是理论研究，都证明了这一点。

警示

人的成长过程就是不断了解自我、完善自我、提升自我的过程。一个人的人格，在 10 岁之前基本上是父母基因遗传的作用，但后来则越来越是个人努力与环境因素共同作用的结果。

案例

某高校学生丽丽，从小在家中备受宠爱，从未离开过父母，上大学后对集体生活非常不适应，不愿去食堂吃饭，不参加集体活动，失眠，每天和家人打电话到深夜。经学校心理咨询老师分析，她具有明显的依赖型人格。按照老师的建议，她一步步改变自己，使自己充实和忙碌了起来，慢慢适应了大学生活。

如何塑造健康的人格

1. 树立正确的人生观与价值观。个体如能树立正确的人生观与价值观，就能对人生持有正确的看法与认识，就能形成积极的生活态度，并能采取正确的行为方式。

2. 加强人文素质修养。很多人的人格缺陷往往是知识匮乏的结果。例如，无知无识容易使人鲁莽、粗俗、空虚、自卑，而深厚的知识则相对使人理智、谦和、充实、自信。

3. 发展良好的人际关系。只有通过人与人之间的交往，个体的人格品质才能充分地表现出来。他人是了解自我的一面镜子，在人际互动中，某些人格品质或得到赞赏、嘉许，或受到批评、排斥，个体就会根据他人的反馈做出有针对性的调整。

4. 参加实践活动。实践是人格发展的必由之路。无论是认知的形成、能力的培养，还是意志的磨炼，都离不开个体的实践活动，诸如勤奋、坚韧、乐观、细致等人格特征都是个体在长期的实践过程中锻炼的结果。

专家提示

大学生有哪些人格问题

1. 偏激。表现为凭一时好恶评论人和事。

2. 猜疑。

3. 孤僻。表现为不合群，独来独往，神经敏感。

4. 自卑。

5. 从众。这是缺少主见，盲目采取与大多数一致的行为。

6. 过于内向。性格内向不是缺点，但是常常影响学习和生活，对以后的就业和发展有不良影响。

进一步建议

瑞士心理学家荣格曾经说过:“文化的最后成果是人格。”人格整合的过程也是科学文化知识逐步积淀的过程。个体的知识愈多愈深、愈宽愈广，人格的优化就愈有坚实的基础。

5 培养人际交往能力

人际交往能力是现代人不可缺少的素质，主要包括：语言表达能力，倾听能力，交友能力，观察能力，以及处理生活中各种问题的能力。

提示

与人交往和相处的问题不是大学生独有的，但这一问题在大学生中的表现却有其特殊性。

案例

某高校学生小张，因与室友吵架想更换寝室，可是几乎所有本班的女生寝室她都换过了，不知道该怎么办，所以找到心理老师咨询，老师经过测试发现，小张的人际关系敏感和敌对测试值明显高于正常值。

有原则地进行人际交往

1. 平等。坚持平等的交往原则，就应做到正确评价自己，不要光看自己的优点而盛气凌人，也不要只见自身的缺点而盲目自卑。

2. 真诚。只有以诚相待，才能使交往双方建立信任感、安全感，才能促成友谊的建立和维护。

3. 尊重。坚持尊重的原则，必须注意在态度上和人格上尊重他人，平等待人，讲究语言文明，礼貌待人。

4. 宽容。大学生在交往中遇到矛盾冲突时要有耐心，不要斤斤计较，而要谦让大度、克制忍让，不计较对方的态度和言辞，并勇于承担自己的行为责任，力争做到“宰相肚里能撑船”。

5. 互利。心理学家霍曼斯认为，人际交往是一种社会交换过程，只有双方等值的、公平的关系才是相对稳定和愉悦的关系。也就是说，人际关系的好坏以能否满足交往双方的需要为基础。

专家提示

人际交往中要学会赞美的艺术。人们都喜欢被肯定，赞美可以让平凡的生活变得美丽，可以激发人的自豪感和上进心，可以拉近人与人之间的距离。赞扬的关键在于真诚、准确和具体实在，要恰到好处，过度的赞扬会让人反感。可以试着赞扬他人身上那些并不是显而易见的长处和优点。

6 健康的爱情观

所谓爱情，就是一对男女之间，基于一定的社会关系和共同的生活理想，在各自内心中形成的对对方最真挚的倾慕，并渴望对方成为自己终身伴侣的最强烈的感情。它是两颗心灵相互吸引，达到精神升华的产物。

警示

恋爱过程中要平等相待，相敬如宾。不要拿自身的优点去比较对方的不足，以此炫耀抬高自己，戏弄贬低对方。

案例

某民办院校大一学生李博用刀刺伤两名男生后逃跑，两名受伤的男生被紧急送往附近的医院，其中李某因伤势过重经抢救无效死亡。据了解，犯罪嫌疑人李博曾在高中与一女同学谈恋爱，相约毕业之后再相聚。女同学上大学后与李某谈起了恋爱。李博认为女友违背约定，决定给受害者李某一点教训。

树立正确的恋爱观

懂得爱情是一种相互理解，是相互信任，是一份责任和奉献。理解对方是为个人和对方营造一种轻松和快乐的氛围。责任和奉献则意味着个人道德的修养，它是获得崇高的爱情的基础。大学生应该把学业放在首位，因为学业是大学生价值感的主要支柱。当把爱情视为生命的唯一时，爱情就是温室中的花朵，娇弱美丽却经不起任何的打击。

提高恋爱挫折承受能力

大学生的恋爱受多种因素的制约，因而在追求爱情的过程中遇到各种波折在所难免。单相思、爱情错觉、失恋等恋爱心理挫折就是对大学生心理承受能力的一种考验。如果承受能力较强，就能较好地应对挫折，否则就有可能造成不良后果。当爱情受挫后，用理智来驾驭感情，分析原因，总结经验教训，寻找解决问题的方法和途径，在新的追求中确认和实现自己的价值，从而提高自己的心理承受能力和思想水平。

专家提示

恋爱行为要大方。有的人感情冲动，过早地做出亲昵动作，使对方反感，影响感情的正常发展。恋爱言谈要文雅，讲究语言美。否则，只会使人厌恶，伤害感情。恋爱中应善于控制感情，理智行事。恋爱中引起的性冲动，一方面要注意克制和调节；另一方面要注意转移和升华，如参加各种文娱活动，与恋人多谈谈学习和工作，把恋爱行为限制在社会规范内，免得越轨。

进一步建议

自己不愿或不值得接受的爱应有勇气加以拒绝。拒绝爱要注意两个方面：一是在并不希望得到的爱情到来时，要果断、勇敢地说“不”，因为爱情来不得半点勉强和将就。二是要掌握恰当的拒绝方式。不顾情面，处理方法简单轻率，甚至恶语相加，结果使对方的感情和自尊心受到伤害，这种做法是很不妥当的。

7 快乐地学习

学习的时候，应该在兴趣上下功夫，而不是在进度上下功夫。你的感觉和喜好，来源于你对事物的看法。比如，你认为学习是一种享受，你就会感觉很好，很想学，很喜欢学；如果你认为它是一种负担，一种痛苦，事情就会正好相反。

提示

如果实在感觉压力太大，无法承受致使情绪低落，不妨去听听音乐，看看电影；养成持之以恒、平衡有序的生活习惯，别放弃享受美食，享受户外活动或发展个人兴趣所带来的乐趣。

案例

某大学有一名男子跳楼自杀。警方通过现场勘查和走访目击者，以及提取死者遗留手机中的信息等材料，确认死者王某，因学习压力大、怕学习不好、对不起家里人等原因寻短见。

大学生如何调试学习问题

1. 学习动机问题。正确认识学习的意义和自己的学习能力，以积极的心态面对挫折和困难，改进学习方法，正确对待奖励和肯定，循序渐进，逐步获得成功。

2. 学习焦虑。增强自信和毅力，不怕困难和失败，克服虚荣心理，准确认识和评估个人能力，加强心理调节，保持情绪愉快和稳定，探索适合自己的学习方法，并遵循大学学习规律。

3. 考试焦虑。正确认识考试的意义，端正考试动机，平时做好复习，以平常心应考；对考试成绩的期望要切合实际；考试时深呼吸、进行积极的自我暗示。

4. 注意力不集中。明确学习目标，激发学习兴趣。学会注意力转移，遇到生活应急事件与挫折时，能尽快从中解脱出来。适当强化学习动机，培养兴趣，选择理想的学习环境，减少与学习无关的活动，坚定意志力并进行适当的自我调控。

5. 学习畏难。正确对待学习中的困难，找到合适的学习方法，改变不良的认知，不要因一两次失败轻易对自己的学习能力产生怀疑，要勇于面对困难。

专家提示

不要把目标定得过高；有效地分配时间，将学习任务按轻重缓急编定先后次序，然后依次逐步完成；课余时应做适量运动，减轻肌肉疲劳；遇到困扰或情绪低落时，可向家人或朋友倾诉，获得支持和关怀；即使再忙，也要有充足的睡眠。

8 学会心理咨询

心理咨询是由专业人员运用心理学及其他相关知识，通过各种技术和方法，帮助求助者解决心理问题的过程。心理咨询的目标是促进和维护人的心理健康，使人能正确认识和对待自己、他人和现实生活，能够积极乐观地向着正确的生活目标奋进。

警示

咨询老师与求助者之间的关系和彼此的沟通必须限制在工作范围内。咨询老师的个人情绪不能带入咨询过程，应谢绝求助者提出的任何额外个人要求，禁止在咨询室之外进行任何咨询活动。

心理咨询对我们的帮助

大学生心理咨询通过对大学生的理解、支持、劝导等，帮助大学生自我发现、自我认识、自我接纳、自我改变，最终实现自我价值与社会价值的最大化。在心理咨询的过程中，要让学生学会发现自我，从而进行自主选择和自我负责的发展。因此，在大学生心理咨询中学生的选择性、自主性是一种重要的定位，正如现在流行的一句广告词——“我选择，我喜欢”。简而言之，大学生心理咨询就是“帮助求助的学生成为他能成为和想成为的人”。

当然，凸显心理咨询中求助者的“小我”，并不是对西方个人价值至上文化的认同。任何人在张扬主体性、个性的同时，都离不开集体主义及社会关系背景下“大我”的制约。有人说，大学生中主动求助的学生“是一群蒙上了灰尘的珍珠”，他们有智慧和悟性，有判断力和成长力。因此，对大学生的心理咨询也是一种智慧对智慧的启迪，心灵与心灵的碰撞。

专家提示

心理咨询的基本要素

1. 心理咨询只解决心理问题本身，不解决引发心理问题的具体事件。

2. 心理咨询是助人自助的过程。

3. 心理咨询通过良好的人际互动过程产生影响，但不能超越职业范围。

4. 咨询是一种学习和成长的过程。

5. 寻求心理咨询是基于求助者心理需要的自愿行为。

进一步建议

当求助者感到心理不适，产生寻求咨询的需要时，咨询才有意义。能主动找咨询老师诉说自己的难处、麻烦并探讨解决办法的人才是有寻求帮助愿望的人；如果求助者是迫于别人的驱使而来咨询，并不愿吐露心声，咨询和帮助就难以深入进行。

9 调适自己的情绪和情感

稳定的情绪和积极的情绪反应是大学生健康成长的重要因素，也是大学生心理健康值得重视的问题。

提示 有关调查表明，大学生的负向情绪高于正向情绪，在情绪体验上呈现出丰富多变、相对不稳定的特点。

抑郁消沉

抑郁是一种持续时间较长的低落、消沉的情绪体验。调适方法：纠正偏见、端正认识，重新评价、悦纳自我，积极交往、参加活动，善待自己、热爱生活，学会幽默。

焦虑

焦虑是一种紧张、害怕、担忧、焦急混合交织的情绪体验，当人们在面临威胁或预料到某种不良后果时，便会产生这种情绪。调适方法：放下包袱、轻松上路，当机立断、积极行动，动静结合、身心放松。

愤怒

愤怒是由于客观事物与主观愿望相违背，或愿望一再受阻、无法实现时产生的激烈的情绪反应。调适方法：加强修养，开阔心胸，冷静克制，合理疏泄。可通过与人交谈、写日记等方式缓解，也可进行剧烈体育活动、呐喊等宣泄愤怒。

自卑

自卑是个体由于某种生理或心理上的缺陷或其他原因产生的对自我认识的消极态度体验。调适方法：正确认识自己，提高自我评价；正确认识自卑感的利与弊；积极与他人交往；注重自我激励。

冷漠

冷漠是一种对外界刺激漠不关心、冷淡、退让的消极情绪体验。调适方法：首先要充分认识到冷漠情绪对身心健康和个人发展的危害，要积极行动起来，分析自己产生冷漠的原因，对现在正在做的每一件事，都要全神贯注地去做、去体验、去感受，克服被动、逃避的不良习惯，积极地投身于各种活动之中。

10 理性地就业

就业是大学生人生中的重要转折点，要想在就业的重要关头把握机会，赢得适合自己的理想职位，就要根据各自的不同情况采取及时的自我调适。

提示

孟子曾说过："天将降大任于斯人也，必先苦其心志，劳其筋骨，饿其体肤，空乏其身，行拂乱其所为，所以动心忍性，增益其所不能。"可见，正确地对待挫折，可化弊为利，始终保持稳定平衡的心理状态。

直面社会现实，调整职业期望

大学毕业生要适时提醒自己，在职业的初期，自己的定位应该是完成从学生到从业者的角色转换，这个转换过程就是新的学习过程，保持谦虚好学的态度，脚踏实地地走好职业的第一步，才能取得以后的长足发展。

正确自我评价，培养自信心

采取评价法，从熟悉了解自己的友人、亲人中获得评价，从别人的评价中认识自己。如果自我评价与周围人的评价有较大的相似性，则表明自我评价较成熟；反之，则表明自我评价有偏差。对待别人的评价，要有认识上的完整性。人各有所长，寻求成功的经验可以增强自信，有效克服自卑感。

积极自我暗示，消除就业焦虑

首先要经常对自己进行积极的心理暗示，积极的心理暗示可以通过自言自语、书面语言等方式进行。其次，要更新观念，打破中国传统的事事求稳、求顺的思想，树立市场竞争的新观念。再次，要克服急于求成的思想，客观地分析自己，合理地设计职业目标，尽量减少挫折。最后，采取一定的情绪调节策略，排除不良情绪。

增强主体意识，消除依赖心理

首先要充分认识到自己才是求职的主体，要发挥自己本身的积极主动性，树立强烈的主体意识。要善于求助师长的指点。大学生择业过程中要多听师长的意见，仔细分析、选择，从而弥补自身工作经验缺乏、社会阅历浅的不足，实事求是地选择适合自己的工作并积极地争取。

专家提示

毕业生如果出现严重的就业心理问题，无法自我调整，应及时向心理咨询老师进行咨询并治疗。心理咨询老师经过严格、科学的心理咨询业务训练，有一定的理论水平和实践经验，看待问题更科学、更客观，调整求助者心理状态更快捷、更有效。心理咨询师通过心理咨询与治疗给求助者以心理指导和帮助，帮助其缓解心理紧张，扫除心理障碍，恢复心理平衡。

进一步建议

面对正常的失败和挫折，毕业生应该冷静面对和接受，并客观分析挫折产生的原因，适时调整自己的就业动机、目标和行为，避免再次出现这样的失误。

11 应对心理压力，珍惜生命

> **提示** 压力是把双刃剑：压力一方面使人紧张、不安，甚至痛苦；但另一方面，压力也能够给人教益和磨炼，使人变得聪明、坚强和成熟，并促进心理的发展和提高。

压力无处不在，面对不可避免的人生压力，大学生必须积极应对，才能拥有快乐和健康的生活。压力应对可以从以下几方面着手。

正确认识压力

压力对每个人来说都是不可避免的，同时，也是十分必要的。压力对人的影响取决于人对压力的评价和态度，对压力事件的积极认知评价是改变压力困境和结果的一个良方。所以大学生心理压力的调适，首先是对压力的认知评价，明白压力实际上不可缺，并看到压力的两重性和积极面，化压力为助力、动力，可能会峰回路转。

学会释放压力

当感到压力大时，应当学会主动疏导发泄。可以把自己的体验、想法讲给亲人、同学、朋友，让郁闷释放出来；也可以诉诸书面，用文字或绘画的形式，自己跟自己倾吐。随着心中的苦水流泻出来，心情可能会平静很多。积极参加文艺或体育活动，转移自己的注意力，调整自己的情绪，以豁达的心情面对现实，乐而忘忧。

及时处理压力源

人们的压力有时来源于尚未完成的任务。当我们遇到压力的时候，一定要保持清醒的头脑，仔细思考一下压力的来源，以积极的心态，及时处理带来压力的问题和困难，不回避，不推诿。一般来讲，当工作得以完成、问题得到解决、难关得以渡过时，压力就会自然消失。

> **专家提示**
>
> 用视觉放松法缓解压力。即用画面创造轻松的心境，其具体步骤是闭上双眼，在脑海中想象一个使你真正感觉放松、恬静、愉快的姿势，描绘出一幅舒适的图画，想象自己完全融合于大自然中，让自己体会那些情景、声音、气味，就能使自己的紧张情绪慢慢得以松弛。

> **进一步建议**
>
> 人常说乐以解忧。面对压力，一句笑话、一个鬼脸足以使人一笑忘忧。你可以在日常生活中多读一些幽默故事，在心情抑郁时想想这些故事中好玩的情节，让自己开心一笑。也可以整理自己的一些趣事，与所处的情境恰当挂钩，使自己的趣事成为大家谈论的话题，以豁达大度来创造轻松的氛围。

12 遵纪守法，预防犯罪

遵纪守法是国家对公民的基本要求，大学生更应当自觉做到遵纪守法。

警示

严格的纪律是将大学生培养成合格人才的重要手段。缺乏纪律的约束，大学生成才只是一句空话，走向社会将一事无成。

树立坚定正确的理想信念

当代大学生应树立崇高的理想，正确认识个人与社会、个人与国家之间的关系，认真解决人生目的、人生态度、人生价值、人生责任这些基本问题，不断完善自我，追求高尚人格，提高综合素质，全面掌握科学文化知识。

知法、懂法、守法

要做到知法、懂法、守法，不仅自己不干任何违背法律的事，而且应该与一切违法行为作斗争，维护良好的社会秩序。

严于律己，牢固树立纪律观念

大学生应当严于律己，具有较强的纪律观念，自觉地遵守社会公德，维护学校纪律和规章制度。

注意道德品质修养

大学生要树立社会主义的荣辱观，匡正风气，明辨美丑，规范道德。

养成良好的心理素质

大学生应学习有关保持心理健康的知识，能够运用学到的知识正确认识自己，充分发掘潜力；要学会控制和调节自己，克服遇到的一些心理困扰，培养健全人格及社会适应能力。

正确处理人际关系

大学生应当了解人际交往中的基本规律，学会人际交往的具体方法和艺术，在人际交往中遵纪守法、平等待人、诚实守信、团结互助、与人为善。

专家提示

和谐的人际关系能促进大学生良好人格的形成，推动学生文化知识与技能的学习，增进学生身心健康。个别学生参与违法犯罪活动，就与他们的人际关系紧张有关。

进一步建议

我国法制不断健全，依法治国各项措施得到全面落实。大学生应该具有较丰富的法律知识和较强的法律意识，要掌握并运用这些法律知识去处理日常遇到的各种问题。

附录　红十字运动知识

一、红十字运动起源

红十字运动起源于战场救护，瑞士人亨利·杜南先生（1828—1910）是红十字运动的创始人。

1859 年，意大利北部发生了索尔弗利诺战役，约有 4 万名伤兵被遗弃在战场上，尸横遍野，惨不忍睹。正在从事商务活动的亨利·杜南途经此地，为惨状所震惊，立即动员组织当地居民不加歧视地救护伤兵。之后，他撰写了《索尔弗利诺回忆录》一书，提出了两项重要建议：第一，在各国建立全国性的志愿伤兵救护组织，平时开展救护技能培训，战时支援军队医疗工作；第二，签订一份国际公约，给予军事医务人员和医疗机构及各国志愿的伤兵救护组织以中立的地位。亨利·杜南的建议得到了日内瓦 4 位知名公民的支持。1863 年，他们 5 人在日内瓦宣告成立“伤兵救护国际委员会”（1875 年改名为“红十字国际委员会”），标志着红十字运动的诞生。

二、世界红十字日

为了表彰和纪念亨利·杜南先生对红十字运动做出的功绩，红十字会与红新月会国际联合会将杜南的诞生日 5 月 8 日作为世界红十字日，并要求每年的 5 月 8 日，世界各国红十字会或红新月会都要举行一系列活动，纪念红十字运动的创始人亨利·杜南，宣传红十字会的宗旨、性质和任务，传播红十字运动基本原则和国际人道法，扩大红十字运动的影响。

三、红十字运动的三个组成部分

红十字运动由三个部分组成，即红十字国际委员会（简称国际委员会）、红十字会与红新月会国际联合会（简称国际联合会）、国家红十字会或红新月会（简称各国红会）。

红十字国际委员会的前身是“伤兵救护国际委员会”，其职责是在战争或武装冲突地区开展人道救助：救济和医疗援助；探视战俘及因安全原因被逮捕和拘留人员；寻人查信。

红十字会与红新月会国际联合会是世界各国红十字会或红新月会的联合组织。其职责是促进和协调各国红会开展自然灾害的救济和其他人道服务活动，协助救助武装冲突地区以外的难民的工作，预防和减轻人类的痛苦并努力改善最易受损害群体的境况。

国家红十字会或红新月会是红十字运动的基本成员和重要力量。各国红会是本国政府人道工作的助手，是独立自主的全国性团体，根据各自的章程和本国立法从事符合红十字运动基本原则的人道工作。截至 2013 年 5 月，全世界共有 187 个国家和地区红会。

四、红十字运动的七项基本原则

红十字运动的七项基本原则：人道、公正、中立、独立、志愿服务、统一、普遍，是在 1965 年召开的第 20 届红十字与红新月国际大会上正式通过的。

五、红十字标志

红十字标志是国际人道主义保护标志，是武装力量医疗机构的特定标志，是红十字会的专用标志。红十字标志具有保护作用和标明作用，二者不得混淆使用。目前国际红十字运动使用的标志有三种：红十字、红新月、红水晶标志。

国际红十字运动标志